ULRICH SCHMID

Welcher Gartenvogel ist das?

KOSMOS

Blaumeise Seite 44

Kohlmeise Seite 46

Sumpfmeise Seite 48

Fitis Seite 61

Mönchsgrasmücke Seite 64

Gartengrasmücke Seite 66

Kleiber Seite 74

Gartenbaumläufer Seite 76

Waldbaumläufer Seite 78

Singdrossel Seite 90

Grauschnäpper Seite 92

Trauerschnäpper Seite 94

Inhalt

Was ist ein Gartenvogel?

Vögel gibt es seit wenigstens 150 Millionen Jahren, Häuser und Gärten erst seit wenigen Tausend. Unsere „Gartenvögel" stammen aus ganz verschiedenen natürlichen Lebensräumen.

Was ist ein „Gartenvogel"? Die Frage, so einfach sie klingt, ist überraschend knifflig. Gärten gibt es erst seit wenigen Tausend Jahren. Sie entstanden frühestens, als unsere Vorfahren nach Jahrhunderttausenden des Nomadentums sesshaft wurden und zu Ackerbau und Viehzucht übergingen. Dieser Prozess begann vor gut 10000 Jahren in Vorderasien im „Fruchtbaren Halbmond", einem Gebiet, das die südliche Türkei, Nordsyrien, den nördlichen Irak und den westlichen Iran umfasst. Von dort breitete sich die revolutionäre Wirtschaftsweise langsam aus. In Mitteleuropa begann das Agrarzeitalter vor etwa 7500 Jahren. Mit dem Ackerbau entstanden in dem vorher weitgehend bewaldeten Gebiet neue Lebensräume für Tiere und Pflanzen. Viele Arten, die wir heute ganz selbstverständlich als heimisch betrachten – der Spatz zum Beispiel – sind Einwanderer aus dieser Zeit. Vermutlich entstanden damals auch schon die ersten Gärten, gegen Haus- und Wildtiere eingezäunte Bereiche rund ums Haus. Sicher waren es reine Nutzgärten – der Garten als Oase der Entspannung und Erholung ist eine Erfindung der Neuzeit. Evolutionsbiologisch gesehen sind Gärten also „erst gestern" entstanden – die Evolution „denkt" in ganz anderen Zeiträumen. Das heißt: Die Evolution hatte keine Zeit, spezielle Gartenvögel zu entwickeln, so wie sie etwa Wasservögel oder für das Klettern an dicken Baumstämmen spezialisierte Waldvögel hervorgebracht hat. Ob ein Vogel am Wasser lebt, erkennen Sie meist sofort an einigen typischen Anpassungen – oft genügt bereits ein Blick auf die Füße mit ihren Schwimmhäuten. Ob eine Art aber zu den „Gartenvögeln" gehört, werden Sie aus ihren Merkmalen kaum erschließen können.

Blaumeisen gehören zu den häufigsten Gartenvögeln. Stimmt die Nahrungsversorgung und stehen Brutplätze zur Verfügung, können sie hohe Dichten erreichen.

Ein lichter Laubwald mit reichem Unterholz und vielen Höhlen: So sieht der ursprüngliche und auch heute noch bevorzugte Lebensraum der Blaumeise aus.

WOHER STAMMEN GARTENVÖGEL?

Die meisten Vögel, die man in Gärten beobachten kann, sind ursprünglich Waldvögel und erreichen dort auch heute noch ihre höchsten Dichten. Typische Beispiele sind die Meisen, die Drosseln, der Zaunkönig und die Mönchsgrasmücke. Ein bisschen „Wald" muss der Garten natürlich enthalten, wenn sich diese Arten wohl fühlen sollen. Ein Garten ohne Baum und Busch ist für Waldvögel Wüste.

Zu den alteingesessenen Waldvögeln kommen zahlreiche Arten offener Landschaften, die es in Mitteleuropa großflächig erst seit der Entwicklung der Landwirtschaft gibt. In dem ursprünglich fast vollständig bewaldeten Gebiet fehlten vorher schlicht die nötigen Lebensräume. Viele dieser Arten stammen aus trockeneren und deshalb von Natur aus offeneren Landschaften, den Waldsteppen und Steppen des östlichen Europas und Asiens. Sie konnten ihr Verbreitungsgebiet mit der Auflockerung der Wälder durch Dörfer, Felder, Weiden, Wiesen und Gärten stark erweitern. Ihre Einwanderung wurde sicher auch dadurch erleichtert, dass sich die Landwirtschaft von Vorderasien über Südosteuropa nach Mitteleuropa ausbreitete und auf diesem Weg sicher einiges „einsammelte".

Der Spatz hat Migrationshintergrund. Erst mit der Erfindung der Landwirtschaft wurde er heimisch.

Bluthänflinge sind typische Bewohner der offenen Landschaft, von Industriegebieten und gartenreichen Vorstadtsiedlungen.

Wir können davon ausgehen, dass die frühen Bauern vor ein paar Tausend Jahren neben Saatgut, Ziegen und Schafen unfreiwillig auch eine ganze Begleitmannschaft von Ackerwildkräutern und Tieren mitbrachte. Zu diesen gehört zum Beispiel der Haussperling, dessen Schicksal bis heute auf Gedeih und Verderb mit dem Menschen verknüpft ist. Viele dieser Einwanderer haben sich mit der ursprünglichen Vegetation Mitteleuropas – dem Wald – bis heute nicht angefreundet. Sie bilden charakteristische Lebensgemeinschaften in einer vielfältigen bäuerlichen Kulturlandschaft, zu der natürlich auch die Gärten gehören. Hier herrschten lange fast paradiesische Zustände – nicht unbedingt für den Menschen, wohl aber für Flora und Fauna. Das hat sich in den letzten 50 Jahren allerdings drastisch gewandelt. Kaum etwas hat sich so radikal geändert wie die Landwirtschaft, die inzwischen weitgehend industrielle Züge angenommen hat: Massive Düngung und schnelle Erntezyklen, maschinelle Bearbeitung, großzügiger Einsatz von Bioziden, flurbereinigte

Trocken und steinig, mit zahlreichen Wildkräutern und nur wenigen Bäumen: So ähnlich kann man sich den ursprünglichen Lebensraum des Bluthänflings vorstellen.

Hausrotschwänze sind Felsbrüter. Häuser sind für sie nichts anderes als Kunstfelsen.

Der Hausrotschwanz war ursprünglich auf Felsengebirge beschränkt.

Großflächen, Trockenlegungen und Entwässerungen, asphaltierte Wirtschaftswege, keine Feldraine, keine Brachflächen, keine offenen Dreschplätze – die Liste ließe sich noch verlängern. Damit wird auch eine zweite Liste lang und länger: die Rote Liste der gefährdeten Arten. Anders als viele Waldvögel haben die Vögel der offenen Landschaften nur wenig Möglichkeiten auszuweichen. Die Feldflur verödet.

Gärten sind keine Allheilmittel für ausgeräumte Landschaften. Der Feldlerche sind Gärten zu eng.

Eine dritte Gruppe von Gartenvögeln freut sich über die ganzen „Kunstfelsen", die wir für sie errichtet haben. Für Vögel, die ausschließlich oder überwiegend an Felsen brüten, sind Häuser nichts anderes als das. Der Hausrotschwanz konnte sein Verbreitungsgebiet dadurch enorm erweitern, Mehl- und Rauchschwalbe erhielten ungeahnte Möglichkeiten, Mauersegler eine Alternative zu engen Baumhöhlen und Turmfalken eine Chance, der starken Konkurrenz um alte Krähennester zu entgehen.

DEN GARTEN IM NAMEN

Doch zurück zu den Gartenvögeln: Helfen vielleicht Namen weiter, um ihnen auf die Spur zu kommen? Manchmal schon, denn einige Arten sind nach Haus und Garten benannt: Gartengrasmücke (S. 66), Gartenbaumläufer (S. 76), Garten- und Hausrotschwanz (S. 100–103), Haussperling (S. 106) oder die Haustaube (S. 150). Verlass ist auf solche Benennungen aber nicht immer. Gartenrotschwanz und Gartengrasmücke sind keine typischen Bewohner von Hausgärten. Und die Gartenammer – heute meist Ortolan genannt – sucht man hier vollkommen vergeblich.

Mein eigener Garten als Testfall

Wasser zum Trinken und Baden macht Gärten für Vögel besonders attraktiv.

Gehören alle Arten zu den Gartenvögeln, die schon einmal in einem Garten beobachtet wurden? Bestimmt nicht! Denn Vögel sind höchst mobile Wesen. Überraschungen sind deshalb an der Tagesordnung. Ausgepumpte Zugvögel fallen nach einer langen Flugnacht morgens im nächstbesten Gebüsch ein. Im Frühjahr können sie, aus Afrika kommend, weit übers Ziel hinausschießen und landen dann in Mittel- statt in Südeuropa. Nach Orkanen kann es Meeresvögel bis tief ins Binnenland verschlagen. Und gelegentlich rätselt selbst der erfahrene Beobachter, bis er einen merkwürdigen Gast als entflogenen Käfigvogel identifiziert hat. Nähern wir uns zur Klärung der Frage also von der Praxis: Mein eigener Garten, in einem Wohngebiet am Rande einer kleineren Stadt in Süddeutschland gelegen, ist, was Größe (600 m^2) und Lage anbelangt, durchaus repräsentativ für die deutsche Gartenlandschaft. Dass er gegenüber den meisten Nachbargärten trotzdem etwas aus dem Rahmen fällt, liegt eher daran, dass statt Rasen eine kleine Wiese wächst, statt Thuja heimische Sträucher wie Holunder, Weißdorn, Hartriegel und Kornelkirsche. Ein üppig blühendes Staudenbeet fehlt aber ebenso wenig wie ein kleiner, vor allem mit Beeren bestandener Nutzgarten und ein Apfelbaum. Eine „Schmuddelecke“ mit moderndem Holz neben dem Komposthaufen, ein kleiner Fertigteich und eine den Hang befestigende, leicht gestufte Trockenmauer runden das Bild ab. Im Lauf von etwa 20 Jahren habe ich hier 86 Vogelarten gesehen oder gehört (siehe Tabelle S. 11). Zwölf davon haben in meinem Garten gebrütet, manche alljährlich, manche nur gelegentlich. Diese zwölf gehören unzweifelhaft zur Kategorie „Gartenvögel“, ebenso wie die Gäste, die dort regelmäßig für längere oder kürzere Zeit verweilen (19 Arten). Bei den 19 Arten, die den Garten nur selten besucht haben, muss schon genauer geprüft werden. Ganz und gar unsicher schließlich ist der Status der 36 Arten, die nur den Luftraum über dem Garten gequert haben. Weil ein großer Teil des Vogelzugs jedes Frühjahr und jeden Herbst in breiter Front über Mitteleuropa hinweggeht, ist es kein Wunder, dass die Liste der „Luftgäste“ so lang ist. Ich wage sogar zu behaupten: Wer ein offenes Auge und ein offenes Ohr hat, kann unter Einbeziehung des Flugverkehrs im Lauf der Zeit in (und über) jedem beliebigen Garten auf etwa 100 Arten kommen – so viele, wie Sie mit diesem Buch bestimmen und kennenlernen können. Als eigentliche Gartenvögel lassen wir gleichwohl nur jene gelten, die hier brüten oder wenigstens gelegentlich Nahrung oder Schutz suchen.

☞ BEOBACHTETE VOGELARTEN IN MEINEM GARTEN

Brutvögel **12 Arten**	**Regelmäßige Gäste** **19 Arten**	**Seltene Gäste** **19 Arten**	**Überflieger** **36 Arten**
Türkentaube	Turmfalke	Stockente	Graugans
Blaumeise	Elster	Sperber	Kormoran
Kohlmeise	Rabenkrähe	Grünspecht	Graureiher
Mönchsgrasmücke	Haubenmeise	Buntspecht	Weißstorch
Zaunkönig	Sumpfmeise	Kleinspecht	Wespenbussard
Star	Fitis	Eichelhäher	Kornweihe
Amsel	Zilpzalp	Tannenmeise	Rohrweihe
Hausrotschwanz	Klappergrasmücke	Schwanzmeise	Rotmilan
Haussperling	Wintergoldhähnchen	Gelbspötter	Schwarzmilan
Feldsperling	Wacholderdrossel	Gartengrasmücke	Mäusebussard
Grünfink	Grauschnäpper	Dorngrasmücke	Baumfalke
Bluthänfling	Rotkehlchen	Sommergoldhähnchen	Wanderfalke
	Heckenbraunelle	Seidenschwanz	Kranich
	Buchfink	Kleiber	Kiebitz
	Bergfink	Gartenbaumläufer	Großer Brachvogel
	Gimpel	Singdrossel	Flussuferläufer
	Girlitz	Trauerschnäpper	Grünschenkel
	Stieglitz	Gartenrotschwanz	Bruchwasserläufer
	Erlenzeisig	Kernbeißer	Alpenstrandläufer
			Lachmöwe
			Straßentaube
			Ringeltaube
			Mauersegler
			Dohle
			Kolkrabe
			Saatkrähe
			Heidelerche
			Feldlerche
			Rauchschwalbe
			Mehlschwalbe
			Baumpieper
			Wiesenpieper
			Gebirgsstelze
			Schafstelze
			Bachstelze
			Fichtenkreuzschnabel

Ein Garten in der Vorstadt – von hier stammt die aufgeführte Artenliste.

Die Stunde der Gartenvögel

Ist die Vogelwelt meines Gartens repräsentativ? Eindeutig ja. Das zeigen die Daten, die Jahr für Jahr bei der vom NABU (Naturschutzbund Deutschland e.V.) durchgeführten Aktion „Die Stunde der Gartenvögel" erhoben werden. Dabei werden an einem Wochenende im Mai – also mitten in der Brutzeit – an möglichst vielen Stellen alle Vögel gezählt, die im Garten anwesend sind. Zehntausende von Naturliebhabern aus ganz Deutschland beteiligen sich inzwischen daran. Das ist wenig Aufwand für jeden einzelnen. Für aussagekräftige Ergebnisse sorgt dann die schiere Datenmenge. Dass Jahr für Jahr ganz ähnliche Ranglisten der Häufigkeit ermittelt werden, zeigt, dass die Daten, obwohl einfach gewonnen, zusammen genommen durchaus Hand und Fuß haben.

Werfen wir einen Blick auf die Spitzenreiter bei dieser Volkszählung im Garten (siehe Grafik auf der rechten Seite), treffen wir auf lauter alte Bekannte: Sämtliche Arten sind auch in meiner persönlichen Gartenliste auf S. 11 vertreten.

Vollständig ist die Liste der Gartenvögel mit einer Erfassung im Frühjahr aber noch keineswegs. Die im Januar durchgeführte Aktion „Die Stunde der Wintervögel" führt zu anderen Ergebnissen. Zwar gehören viele Arten der Gärten zu den Standvögeln oder Teilziehern und sind auch in der kalten Jahreszeit da (S. 27). Die reinen Insektenfresser verlassen uns im Herbst aber Richtung Süden. Mehlschwalbe und Mauersegler sind deshalb nicht mehr dabei. Der Star hat seinen Platz unter den Spitzenreitern verloren und taucht erst unter „ferner liefen" auf. Dafür gibt es Zuwachs aus den Wäldern und dem hohen Norden. Im Jahr 2016 hat sich zum Beispiel der Erlenzeisig unter die Top Ten gemischt. Auch die absoluten Zahlen sind beeindruckend: Im Mai 2016 wurden in knapp 30 000 Gärten über eine Million Vögel gezählt, im vorangegangenen Januar in über 60 000 Gärten sogar über 2,5 Millionen. Allein das zeigt, dass in den Gärten auch ein nicht zu unterschätzendes Potenzial für den Naturschutz liegt.

NÜTZLICH:
www.stunde-der-gartenvoegel.de

Für Vogelbeobachter unentbehrlich: Das Fernglas enthüllt auch über größere Distanzen Details, die wir zur sicheren Bestimmung vieler Arten brauchen.

Die zwölf häufigsten Gartenvogelarten im Winter (links) und Frühling (rechts) nach Ergebnissen der Stunde der Gartenvögel/Wintervögel im Jahr 2016. Spitzenreiter ist in beiden Zeiträumen der Haussperling.

Viele Stadtparks beherbergen eine reiche Vogelwelt. Ein Spaziergang lohnt auch im Winter.

Gärten liegen nur selten fernab von Siedlungen. Sie sind Teil der Lebensräume Stadt oder Dorf. Selbst die völlig von Menschen geprägten Innenstädte sind nie vogelfrei. Straßentauben (S. 150) und Haussperlinge (S. 106) bevölkern Häuser, Verkehrswege und Plätze. Das laute Rufen der Mauersegler (S. 140) gehört zur typischen Geräuschkulisse einer Stadt während der Sommermonate.

Die Stadt aus der Taubenperspektive: Selbst wo nichts Grünes wächst, fühlen sich manche Vogelarten noch wohl.

Oft genügen nur wenige Schritte, um grüne Oasen zu erreichen: In kaum einer Großstadt fehlen ausgedehnte, reich strukturierte Stadtparks. Hier finden viele Vögel hervorragende Lebensbedingungen, sodass mancher Stadtpark von Vogelkennern als lohnendes Exkursionsziel lieber aufgesucht wird als die freie Landschaft, in der viele Arten selten geworden sind.
Ähnliches gilt für alte Friedhöfe, die, meist längst nicht mehr in Betrieb, ebenso wie die Parks oft beeindruckende alte Bäume aufweisen. Ein solcher alter Baum ist biologisch wertvoller als zehn junge: Abgestorbene Zweige, tiefe Astlöcher, Faulhöhlen, Risse und Schrunden bieten nicht nur Brutgelegenheiten für Vögel wie den Waldkauz (S. 146), die Dohle (S. 38) oder die seltene Hohltaube (S. 149), sondern auch Lebensräume für eine Unzahl von Insekten. Und wo Insekten sind, sind auch Vögel: Spechte (S. 133 ff.) und Baumläufer (S. 76 ff.), Meisen (S. 43 ff.), Kleiber (S. 74) und Schnäpper (S. 92 ff.) bevölkern zusammen mit vielen anderen Arten die Stadtparks.

Eine Bank für den Graureiher – Wasserflächen in Parks locken viele Arten an.

Mit den Seen der Parks kommen auch Wasservögel mitten in die Großstädte. Stockenten (S. 182), Höckerschwäne (S. 180) und Blässhühner (S. 162) sind allgegenwärtig, aber selbst Graureiher (S. 176) und Kormoran (S. 173) verlieren an den von Menschen wimmelnden, aber von Nachstellungen freien Parkseen ihre Scheu.

Während Innenstädte und Parks Besucher anziehen, bleiben Gleisanlagen, Industriegebiete oder gar Brachflächen links liegen – hässliche Landschaften, die man möglichst schnell hinter sich lässt. Allerdings: Wer Haubenlerchen (S. 58) beobachten will, ist dort richtig. Und wo die Landschaft nicht ständig mit dem Rasenmäher oder dem Mähbalken getrimmt wird, können sich weiträumig „Unkraut"-Fluren entwickeln, in denen große Schwärme von Stieglitzen (S. 126), Hänflingen (S. 128) und Goldammern (S. 131) satt werden.

Egal, wo Sie in der Stadt unterwegs sind, ob in der City, im Park oder in Ihrem Garten in einer Vorortsiedlung: Mit den 100 Arten, die in diesem Buch vorgestellt werden, müsste es Ihnen problemlos gelingen, fast jeden Vogel richtig zu bestimmen. Einige Tipps dazu finden Sie auf S. 30.

Verwahrlostes Ödland? Nur auf den ersten Blick. Der zweite zeigt oft viele interessante Pflanzen-, Insekten- und Vogelarten.

Der Garten – Lebensraum für Vögel

Was braucht ein Vogel? In erster Linie natürlich Nahrung, und zwar sowohl Essen als auch Trinken. Dann genügend Deckung, um vor Feinden aus der Luft und vom Boden geschützt zu sein. Gerne auch die Möglichkeit, ein erfrischendes Bad zu nehmen. Erst wenn solche Grundbedürfnisse befriedigt sind, kann weiter gedacht werden: Eignet sich das Gebiet möglicherweise sogar zur Brut?

Vielseitig verwendbar: Holunder ist nicht nur eine der beliebtesten Nahrungspflanzen vieler Gartenvögel, sondern bereichert auch unsere Küche – vom Fliedersekt bis zum Gelee.

BÄUME UND GEBÜSCHE

Die Arten des offenen Feldes – Feldlerche oder Rebhuhn – brauchen große Flächen und meiden Siedlungen. Für sie können wir im Garten nichts tun.

Typische Gartenvögel hingegen benötigen die Deckung und den Schutz von Bäumen und Büschen. Pflanzt man heimische Arten, bieten Gebüsche nicht nur das, sondern auch reichlich Nahrung.

Die Mischung macht's: Gebüsche säumen offene Flächen – hier eine Blumenwiese mit Margeriten.

Anders als die Früchte des Holunders, die schnell abfallen, bieten Weißdornfrüchte den Vögeln – hier ein Amselweibchen – bis in den Winter Nahrung.

Holunder *(Sambucus nigra)* sollte in keinem Garten fehlen. Im Frühjahr locken die weißen Blütenstände Insekten (und Insektenfresser) in großer Zahl, ab dem Hochsommer finden sich zahlreiche Vogelarten an den Beeren. Selbst typische Insektenfresser wie der Hausrotschwanz (S. 100) können da nicht widerstehen. Als Brutplatz eignen sich die sparrigen Holunderbüsche weniger.
Vor allem in Gebieten mit hoher Katzendichte empfehle ich den Weißdorn *(Crataegus)* als „Zweitbusch". Auch er überzeugt im Frühjahr mit Blütenpracht und fruchtet im Herbst. Im Schutz seiner Dornen finden Vögel sichere Nistplätze.
Als weitere heimische Gebüschpflanzen kommen Hartriegel *(Cornus sanguinea)* oder Kornelkirsche *(Cornus mas)* in Frage. Letztere öffnet ihre gelben Blüten bereits Ende Februar. Zwar blüht sie nicht ganz so auffällig wie die allgegenwärtige Forsythie. Aus der Insekten- und Vogelperspektive ist die nektarreiche Kornelkirsche aber ein weit attraktiverer Frühjahrsbote als die Forsythie, die außer Farbe nichts zu bieten hat.

Ein Wort noch zu den im Naturgarten eigentlich verpönten immergrünen Gewächsen wie Thuja *(Thuja)* oder Wacholder *(Juniperus)*: Vor allem früh brütenden Vogelarten wie den Grünfinken (S. 124) bieten beide bereits vor dem Laubaustrieb gute Deckung für ihre Nester. Stimmt die Mischung, können einzelne immergrüne Gebüsche das Vogelleben im Garten also durchaus bereichern.
Wenn's um Bäume geht, sollte man den Laubbäumen allerdings unbedingt den Vorzug geben. Zu bedenken ist, dass große Laubbäume wie Eiche *(Quercus)* oder Linde *(Tilia)* sehr viel Platz beanspruchen. Wer wenig hat, kann Vögeln mit Haselnuss *(Corylus avellana)* und Vogelbeere *(Sorbus aucuparia)* ein attraktives Angebot machen.

Rosenkäfer auf Hartriegel: Viele Büsche locken im Frühjahr Insekten und damit auch insektenfressende Vogelarten an.

Artenreiche Blumenwiesen sind ein Schlüssel zur Vielfalt. Wer nach der Blüte nicht gleich mäht, hilft auch den Samenfressern unter den Vögeln.

WIESENBLUMEN UND STAUDEN

Das kurze Einheitsgrün eines Vorgartenrasens hat auch seine Liebhaber: Amseln (S. 86) finden hier leicht Regenwürmer. Gelegentlich trippelt auch eine Bachstelze (S. 110) auf der Suche nach Insekten durch die geschorenen Halme. Weitere Arten werden Sie hier aber kaum antreffen.

Die meisten Gartenvögel ziehen ihre Jungen mit Insekten auf. Das gilt selbst für die Finken – Ausnahmen sind nur der Grünfink (S. 124) und der Girlitz (S. 120) –, deren dicker Schnabel sie eigentlich als Samen- und Körnerfresser ausweist. Wollen Sie ihnen im Garten etwas bieten, müssen Sie etwas für Insekten tun. Und der Schlüssel zur Insektenvielfalt heißt Pflanzenvielfalt. Es muss ja nicht die ganze Grünfläche sein (schließlich dient ein Garten ja auch noch anderen Zwecken, etwa als Spielplatz für Kinder): Aber wenn ein kleines Stück für Wiesenblumen reserviert ist, hilft man Insekten und damit Vögeln.

Im Staudenbeet kann man auf zwei Dinge achten. Erstens: Nicht alles, was bunt und schön ist, zieht auch Insekten an. Viele Gartenstauden sind züchterisch auf üppige Blütenpracht optimiert, nicht auf Pollen- und Nektarproduktion – ein schöner Schein, der trügt. Dazu kommt: Die meisten heimischen Insekten sind hoch spezialisiert. Jeder Schmetterling beginnt sein Leben als Raupe, die sich meist nur an einer oder wenigen Nahrungspflanzen entwickelt. Auch die erwachsenen Insekten sind oft auf bestimmte

Vor allem im Spätsommer und Herbst streifen Stieglitze gerne durch Gartenlandschaften, immer auf der Suche nach fruchtenden Stauden.

Eine Schönheit: die Wegwarte

Pflanzenarten oder Blütentypen angewiesen. Wie bei den Gebüschen gilt deshalb: Setzen Sie nicht auf Exoten, mit denen unsere Insekten kaum etwas anfangen können, sondern auf heimische „Produkte", wenn Sie Vögel im Garten fördern wollen. Nur an ihnen gedeiht auch eine reiche Insektenfauna, von der die Vögel direkt profitieren.
Sie helfen – damit sind wir beim zweiten Punkt – mit Wiesenblumen und Stauden nicht nur den Insektenfressern, sondern auch den Liebhabern von Samen und Körnern. Aber nur, wenn Sie Wiese und Beet nach der Blüte nicht sofort abräumen. Zwar schätzen Grünfinken auch schon „milchreife" Samen (sie brauchen sie sogar zur Aufzucht ihrer Brut), die meisten Arten warten aber lieber auf die Reife. Lassen wir die samentragenden Stauden so lange stehen, bis die Vögel geerntet haben, ernährt der Garten bis in den Winter hinein ein Vielzahl von Vogelarten, darunter den wegen seiner Vorliebe für „Unkräuter" stark abnehmenden Bluthänfling (S. 128) und die bunten Stieglitze (S. 126), die manchmal in ganzen Horden einfallen.
Welche heimischen Pflanzen sich für Wiese und Staudenbeet empfehlen, finden Sie in

Bunte Vielfalt: Im Staudenbeet sollten Sie heimischen Pflanzenarten den Vorzug geben, die reichlich Pollen und Nektar produzieren.

guten Ratgebern. Hier nur ein einziger Tipp: Eine meiner Lieblingspflanzen – und auch die zahlloser, zum Teil seltener Insektenarten – ist die Wegwarte *(Cichorium intybus)*, die mit ihrem wunderbaren Blau selbst heiße, trockene Ecken an Einfahrten oder Garagenwänden schmückt und deren Früchte von Hänflingen und Stieglitzen hoch geschätzt werden.

Baden macht Spaß. An heißen Sommertagen genießen Gartenvögel den Luxus eines Vogelbades besonders gern.

Gartenteiche entwickeln sich schnell zu kleinen Naturparadiesen. Badende Vögel brauchen leicht zugängliche Flachwasserzonen.

WASSER IM GARTEN

Vögel müssen nicht nur essen, sondern auch trinken, an heißen Tagen (ebenso wie wir) auch mehrmals. Zum vogelfreundlichen Garten gehört also unbedingt eine Vogeltränke. Wichtig ist dabei Verlässlichkeit: Die Vögel entdecken das Wasser nicht zufällig. Sie kennen ihre Reviere ganz genau und wissen, wo die Wasserquellen liegen. Sie sollten sie deshalb nicht enttäuschen und für regelmäßige Füllung (und Säuberung) sorgen. Das ist im Hochsommer gar nicht so einfach. Das Wasser verdunstet schnell und wird, gerade wenn's heiß ist, auch gerne zum Baden benutzt. Und ein kleines Vogelbad ist nach ein, zwei Amsel-Vollbädern leergeplanscht.

Wer etwas Platz im Garten hat, sollte deshalb über die Anlage eines Teiches nachdenken. Schon ein kleiner Fertigteich kann das Trinkwasserproblem dauerhaft lösen. Wichtig ist, dass Sie durch die Ufergestaltung für leichten Ein- und vor allem Ausstieg sorgen, dass genügend seichte Stellen zum ausgiebigen Baden vorhanden sind und dass der Überblick gewahrt ist – denn Vogelbäder ziehen auch Katzen magisch an.

Brutraum ist im Garten oft knapp. Das gilt vor allem für die Vogelarten, die in Höhlen brüten. Nur große Hausgärten haben Platz für Bäume. Wer keine knorrigen, alten Stämme mit Naturhöhlen bieten kann, greift zu einem Klassiker des Vogelschutzes, dem Nistkasten. Ihn gibt es in verschiedenen Versionen, die sich vor allem in der Größe des Einfluglochs unterscheiden (siehe Tabelle S. 23).

Auf jeden Fall sollten man neben Standardkästen mit 32 mm-Flugloch auch solche mit 28 mm-Flugloch aufhängen, damit kleine Vögel wie die Blaumeise (S. 44) ebenfalls eine Chance auf Wohnraum haben.
Für Stare ist nicht nur das Flugloch, sondern der ganze Kasten größer. Daneben gibt es noch eine ganze Reihe von Varianten, zum Beispiel solche mit ovaler Öffnung (für den Gartenrotschwanz, S. 102) oder seitlichem Schlitz (für Baumläufer, S. 76 ff.).

Die junge Blaumeise ist bald flügge. Einmal ausgeflogen, wird sie nicht mehr in den Nistkasten zurückkehren.

WIE VIELE KÄSTEN SOLL ICH AUFHÄNGEN?

Die Faustregel heißt: Sind alle besetzt, sind es zu wenig. Erst wenn wenigstens ein Kasten im Sommer leer bleibt, stimmt das Angebot. Nistkästen werden übrigens nicht nur zur Brut, sondern auch zum Übernachten genutzt. In kalten Winternächten kuscheln sich auch gerne mehrere Vögel in einen Kasten, sich gegenseitig wärmend. Nistkästen bleiben deshalb das ganze Jahr draußen.

NISTKASTEN-WARTUNG

Der Pflegeaufwand ist minimal: Nach der Brutsaison, im Herbst, wird der Kasten mechanisch gesäubert und das Nest entfernt. Es hat ausgedient und kann bedenkenlos entsorgt werden. Höhlenbrüter bauen für jede Brut grundsätzlich neu. Mit dem alten Nest verschwinden auch verschiedene Vogelparasiten, die sich darin entwickeln, Vogelflöhe zum Beispiel. Die neue Brut kann unbelastet beginnen.
Bei einer weiteren Kontrolle im Spätwinter wird der Kasten noch einmal geöffnet. Gelegentlich nisten sich nämlich im Winter die hervorragend kletternden Wald- oder Gelbhalsmäuse ein. Sie erkennen das daran, dass der Kasten bis oben mit Blättern gefüllt ist. Auch im Sommer kommt Fremdbelegung vor, sei es durch Fledermäuse oder Siebenschläfer. Das sollten Sie nicht als Fehlbelegung ansehen und sofort „entmieten", sondern das Angebot an Wohnraum erhöhen und ein, zwei weitere Kästen beschaffen.
Auch Hornissen, die Vogelkästen in Beschlag nehmen, entpuppen sich, wenn Sie einen kleinen Sicherheitsabstand von etwa zwei Metern halten, als faszinierende und weder lästige noch aggressive Gartenbewohner. In diesem Fall warten Sie die ersten starken Nachtfröste ab, bevor Sie den Kasten reinigen (auch Hornissennester werden nur einen Sommer lang benutzt).

Nistkästen können überall an Bäumen, Pfosten oder Hauswänden außerhalb der Reichweite von Katzen aufgehängt werden. Freie Anflugwege werden von Vögeln geschätzt, reine Nordlage und allzu pralle Sonne eher nicht.

Kein Grund zur Panik: Hornissen haben einen Nistkasten bezogen. Im Herbst wachsen die voluminösen Nester oft weit über den Kasten hinaus.

NISTHILFEN AM HAUS

So weit zum Garten. Aber auch das Haus bietet einigen Arten günstige Brutplätze. Spatzen (S. 106) sind geradezu berüchtigt ob ihrer Findigkeit, sich Dächer, Verschalungen oder Rollladenkästen durch kleinste Öffnungen zu erschließen. Moderne Bauweisen machen es aber auch diesen Überlebenskünstlern inzwischen schwer, sodass sie ganz gerne in Nistkästen ziehen. Weil Haussperlinge (wie auch Stare) Gesellschaft mögen und keine Brutreviere, sondern allenfalls das eigene Nest gegen Artgenossen verteidigen, können Sie für diese Vögel auch mehrere Nistkästen zu „Reihenhäusern" kombinieren. Unterstützung an glatten Fassaden brauchen auch die beiden anderen klassischen Hausbewohner, Hausrotschwanz (S. 100) und Grauschnäpper (S. 92). Sie brüten bevorzugt in Halbhöhlenkästen mit offenem, weitem Eingang. Ältere Häuser mit Nischen, Winkeln und freien Balkenköpfen bieten meist genügend Möglichkeiten zur Nestanlage, sodass Sie dort auf Nisthilfen verzichten können.

MARKE EIGENBAU

Nistkästen lassen sich einfach selber bauen. Bevor Sie loslegen, konsultieren Sie am besten einen der auf S. 184 angeführten Ratgeber. Hier finden Sie auch Pläne zum Bau spezieller Nisthilfen für Mauersegler (S. 140), Schwalben (S. 54 ff.), Turmfalken (S. 164) oder Schleiereulen (S. 142).

Spatzen nutzen jede Lücke. Oft füllen sie den ganzen Hohlraum unter Dächern oder hinter Verschalungen mit Nistmaterial.

☞ NISTHILFEN FÜR GARTENVÖGEL

Nisthilfe	Arten	Artbeschreibung
Nistkasten, Flugloch 28 mm	Blaumeise	S. 44
	Sumpfmeise	S. 48
Nistkasten, Flugloch 32 mm	Kohlmeise	S. 46
	Blaumeise	S. 44
	Feldsperling	S. 108
	Haussperling	S. 106
	Trauer-/Halsbandschnäpper	S. 94, 96
	Gartenrotschwanz	S. 102
	Kleiber	S. 74
Nistkasten, Flugloch 45 mm	Star	S. 82
	Gartenrotschwanz	S. 102
	Haussperling	S. 106
Halbhöhlenkasten	Hausrotschwanz	S. 100
	Grauschnäpper	S. 92
	Rotkehlchen	S. 98
	Bachstelze	S. 110
Nistbrettchen (Innenraum)	Rauchschwalbe	S. 54
Kunstnester	Mehlschwalbe	S. 56
Spezialkästen	Schleiereule	S. 142
	Turmfalke	S. 164
	Mauersegler	S. 140
	Baumläufer	S. 76

Macht Spaß: Nistkästen bauen

Fett liefert schnelle Energie, Körner und Samen halten länger vor: Der Meisenknödel bietet der Blaumeise eine gute Mischung. Ökologisch einwandfrei: Knödel ohne Plastiknetz.

Vögel am Futterhaus – nirgends lassen sie sich einfacher beobachten und nirgends leichter ihr interessantes Verhalten studieren: Körner und Samen können mit verschiedenen Techniken geöffnet werden. Welcher Vogel arbeitet dabei wie? Wer verzehrt sein Futter offen, wer versteckt heimlich für späteren Konsum? Welche Art ist scheu, welche eher draufgängerisch? Wer hat das Sagen am Futterplatz? Wie wird Streit ausgetragen? All das bewegt viele Vogelfreunde dazu, Futterhäuser zu bauen und Meisenringe aufzuhängen.

WINTERFÜTTERUNG – FÜR UND WIDER

Auf der anderen Seite: Der ökologische Nutzen der Winterfütterung ist umstritten. In den engen Kalender der in Afrika überwinternden und spät im Brutgebiet eintreffenden Weitstreckenzieher passt nur eine Brut, bevor es wieder auf die Reise geht. Dagegen bringen die Standvögel leicht zwei, manchmal gar dreimal im Jahr Bruten unter. Sie gleichen das Risiko, im Winter an Hunger oder Kälte zu sterben, also durch Massenproduktion aus. Greifen wir nicht leichtfertig zu ihren Gunsten in das ökologische Gefüge ein, wenn wir die Wintersterblichkeit der Standvögel durch Fütterung verringern? Verschlechtern wir durch künstlich hoch gehaltene Populationen nicht die Chancen für die Weitstreckenzieher? Was macht ein Trauerschnäpper, der von Afrika zurückkehrt und alle Bruthöhlen durch Meisen besetzt findet? Mit diesem Argument wurde die Vogelfütterung von Wissenschaftlern und Naturschutzverbänden lange abgelehnt.

Allerdings hat die vielerorts fast industriell betriebene Agrarwirtschaft die traditionellen bäuerlichen Abläufe in den letzten Jahrzehnten extrem verändert. Feldgehölze und

Hecken sind vielerorts verschwunden. Wege werden nicht mehr von wildkrautreichen Rainen gesäumt, sondern grenzen direkt an Felder. Viele früher häufige Ackerwildkräuter sind selten geworden. Wiesen werden heftig gedüngt und so häufig gemäht, dass kaum eine Pflanze mehr Samen bilden kann, von denen sich Vögel ernähren können. Konnte die Bodenfruchtbarkeit vor der Erfindung des Kunstdüngers nur mit Brachephasen erhalten werden, wird heute rund ums Jahr geackert. Mähdrescher räumen Äcker im Spätsommer komplett ab, Stoppelfelder werden sofort umgebrochen – hier finden die Vögel keine liegen gebliebenen Getreidekörner mehr. Das Ergebnis dieser Entwicklung: Die freie Landschaft wird zunehmend zur artenarmen biologischen Wüste. In diesem Zusammenhang wird die Notwendigkeit einer Fütterung im Winter und vielleicht sogar im Sommer inzwischen wieder ernsthaft diskutiert.

Abwechslung tut gut: Feldsperlinge fressen an Hirsekolben.

Ausgeräumte Agrarsteppe statt vielfältiger Landschaft: Es fehlt sowohl an Deckung als auch an Nahrung.

VÖGEL FÜTTERN – WENN, DANN RICHTIG

Wer sich fürs Füttern im Winter entscheidet, muss einige Dinge beachten, um nicht mehr zu schaden als zu nützen:

Das Futter wird nicht einfach ausgestreut, sondern in Futterspendern angeboten; diese sorgen dafür, dass Nahrung weder nass noch durch Kot verschmutzt wird. Das wiederum verhindert Epidemien.

Sonnenblumenkerne alleine genügen nicht. Verschiedene Vogelarten haben verschiedene Ansprüche. Erdnüsse, Hanfsamen, Fettfutter und in Fett getränkte Haferflocken sollten im Angebot sein. Für die einzelnen Futterarten wurden verschiedene Futtergeräte entwickelt.

Fütterung an mehreren Stellen ist für schüchterne Arten besser als eine zentrale Essensausgabe. Dort kann es nämlich ziemlich turbulent zugehen, wenn sie zum Beispiel für längere Zeit von einer Gruppe von Grünfinken in Beschlag genommen wird.

Mit der Fütterung sollten Sie schon beginnen, bevor starker Schneefall oder Frost einsetzt. Vögel, die sich im Winter länger aufhalten, haben eine innere Karte ihres Streifgebietes. Wissen sie bereits, wo Futter angeboten wird, können sie im Notfall sofort dorthin fliegen und müssen nicht lange herumsuchen.

Futterplätze ziehen natürlich nicht nur Singvögel, sondern auch deren Feinde an. Futterplätze müssen so angelegt werden, dass Katzen sich nicht unbemerkt anschleichen können. Vor jagenden Sperbern (S. 170) bringen sich die Futterhausbesucher dagegen gerne in Gebüschen der Umgebung in Sicherheit. Mit den kleinen, auf Überraschungsangriffe setzenden Greifvögeln ist im Winter in Gärten durchaus zu rechnen. Das hat den Sperber früher zum Hassobjekt der Singvogelfreunde gemacht. Betrachten Sie's aber lieber wissenschaftlich-nüchtern: Auch der Sperber will leben, und es sind meist die schwächsten, kränksten und unvorsichtigsten Vögel, die ihm zum Opfer fallen. Von dieser natürlichen Auslese profitiert letztlich auch die Population der Beutetiere.

Hygiene am Futterplatz verhindert die Ausbreitung von Krankheiten. Der Kleiber kann die Nahrung im Futterspender nicht verschmutzen.

Vögel im Jahresverlauf

Gartenbesitzer leben mit den Jahreszeiten. Das tut auch die Vogelwelt. Zwar halten uns manche Arten ganzjährig die Treue. Amseln (S. 86), Grünfinken (S. 124) oder Haussperlinge (S. 106) gehören dazu. Besonders spannend ist aber das Eintreffen der Zugvögel im Frühjahr: Zilpzalp (S. 61) und Hausrotschwanz (S. 100) sind bei den Ersten und schaffen es schon im März. Wenig später lässt sich die erste Mönchsgrasmücke (S. 64) hören. Zu den Spätankömmlingen gehören die Mauersegler (S. 140), die erst in den letzten Apriltagen oder Anfang Mai durch die Luft schießen. Dann ist auch der Grauschnäpper (S. 92) wieder da. Obwohl der Weitstreckenzieher den Winter in Afrika südlich der Sahara verbracht hat, kann es durchaus derselbe Vogel sein, der schon letztes Jahr bei Ihnen gebrütet hat. Viele Vogelarten sind erstaunlich ortstreu.

BRUTZEIT

Zu Beginn der Brutzeit wird es melodisch: Die Männchen der Singvögel – zu dieser Gruppe gehören die meisten Arten des Gartens – grenzen ihre Reviere lautstark gegeneinander ab und versuchen gleichzeitig, Weibchen von ihren Qualitäten und denen ihres Territoriums zu überzeugen. Ist das Gebiet aufgeteilt und ein Partner gefunden, wird lieber in Nestbau, Brut und Jungenaufzucht investiert.

WEGZUG

Nach der geschäftigen Brutzeit – zahlreiche Gartenvögel brüten zweimal hintereinander – nehmen wir das Verschwinden der Zugvögel oft kaum wahr, wenn sie sich nicht so spektakulär sammeln wie die Mehlschwalben (S. 56). Trotzdem ist der Herbst nicht weniger interessant als Frühjahr und Sommer. Die Vögel geben ihre Brutreviere auf und werden mobil. Einzeln oder in Trupps streifen sie durchs Land und machen dort Pause, wo sie etwas zu fressen finden. Jetzt wird der Garten durch beerentragende Sträucher für Vögel attraktiv. Rotkehlchen (S. 98) erscheinen und durchstöbern das Falllaub. Wacholderdrosseln (S. 88) picken an liegen gebliebenen Äpfeln. An dürren, samentragenden Stauden fallen Hänflinge (S. 128) und kleine Trupps von Stieglitzen (S. 126) ein. Schwanzmeisen (S. 50) huschen durchs Gebüsch, mit hohen Pfeiftönen Kontakt haltend.

Grauschnäpper überwintern südlich der Sahara und gehören zu den Letzten, die im Frühjahr zurückkehren.

Im Winter freuen sich Wacholderdrosseln über hängen gebliebene Äpfel. Vor allem in Streuobstwiesen fallen die bunten Drosseln auf.

Auf den Seidenschwanz ist kein Verlass: In manchen Wintern erscheinen nur wenige Tiere, in anderen viele Schwärme.

WINTER

Schließlich der Winter, der eine ganze Reihe von Vogelarten bringt, die in Mitteleuropa nicht brüten. Ob die nordischen Gäste wie der Bergfink (S. 116) oder der Seidenschwanz (S. 79) nur vereinzelt oder in größerer Zahl erscheinen, hängt weitgehend vom Wetter und der Nahrungslage sowohl im Brut- als auch im Überwinterungsgebiet ab. In manchen Jahren kommt es zu spektakulären Masseneinflügen von Millionen von Bergfinken, in anderen mischen sich nur wenige unter die Spatzen, Meisen, Grünfinken und Buchfinken, die sich am Futterhaus einfinden.
Auch die heimischen Waldvögel reagieren sehr flexibel auf das Nahrungsangebot. Den stattlichen Kernbeißer (S. 113) sieht man zum Beispiel nur selten am Futterhaus – es sei denn, die Ernte von Bucheckern und Hainbuchensamen ist ausgesprochen mager ausgefallen.

Vögel im Tageslauf

Wer im Frühjahr bei offenem Fenster schläft, wird oft von lautem Vogelgesang geweckt. Den entgangenen Schlaf kann er mittags getrost nachholen: Kein Vogel wird ihn stören. Wie jeder von uns, haben auch Gartenvögel einen bestimmten Tagesrhythmus. Meist ist es der Hausrotschwanz (S. 100), der mit seiner kratzigen Stimme lange vor der Morgendämmerung beginnt. Wenig später geht sein eher dünner Gesang im lauten, melodischen Amsel-Klang (S. 86) unter. Dann setzen, fast so pünktlich, dass man die Uhr danach stellen könnte, nach und nach weitere Arten ein, während die Frühaufsteher schon wieder verstummen. Diese Staffelung hat einen großen Vorteil. Schließlich geht es den Vögeln nicht darum, zu einem möglichst vielfältigen Ensemble beizutragen, sondern von Artgenossen gehört zu werden.

Zu Beginn der Brutzeit wird noch weit in den Vormittag hinein gesungen, um Partner zu gewinnen und Reviergrenzen festzulegen. Im Juni ist dann schon wesentlich früher Schluss. Erst gegen Abend lassen sich wieder viele Stimmen hören. Besonders auffällig ist das Rotkehlchen (S. 98) mit seinen perlenden Strophen, die bis in die Dämmerung ertönen. Die tiefe Nacht gehört dann alleine der Nachtigall (S. 97).

Im Frühjahr gehört der Buchfink zu den ersten Sängern, im Tagesverlauf zählt er dagegen nicht gerade zu den Frühaufstehern.

Gesteuert wird die Gesangsaktivität von der Helligkeit. An trüben Tagen setzt das Vogelkonzert nur zögernd ein. Und wenn nachmittags dicke Gewitterwolken den Himmel verdunkeln, beginnen die Amseln ihre Abendstrophe verfrüht. Auch in der kalten Jahreszeit müssen wir auf Vogelgesang übrigens nicht ganz verzichten. Rotkehlchen besetzen auch im Winter ein Revier und machen das ihren Artgenossen mit ihren leicht wehmütig klingenden Strophen klar.

Beim morgendlichen Vogelkonzert setzt einer nach dem anderen ein. Ein wichtiger Zeitgeber ist der Sonnenaufgang, in unserem Beispiel vom Stundenzeiger angezeigt um 5 Uhr.

Verblüffend: Jeder kennt die bunten Erpel der Stockente. Aber kaum einer weiß, dass sie im Sommer (unten) viel schlichter daherkommen.

Drei Dinge helfen beim Bestimmen von Vögeln: ein Fernglas, ein Bestimmungsbuch und ein Tonträger mit Vogelstimmen.

BUCH …

Das Bestimmungsbuch haben Sie schon in der Hand. Mit Hilfe der Übersicht im vorderen Umschlag gewinnen Sie schnell einen Überblick und finden die Gruppe, zu der der Vogel gehört, den Sie bestimmen wollen.

Die meisten Gartenvögel gehören zur Gruppe der Singvögel. Konzentrieren Sie sich beim Durchblättern der infrage kommenden Seiten auf einzelne Merkmale. Ein dicker Schnabel verrät Ihnen zum Beispiel sofort, dass Sie einen Finken (ab S. 113) oder eine Ammer (ab S. 131) vor sich haben.

Die Feinbestimmung erfolgt dann mit Farbmerkmalen und anhand des Textes, in dem auch typische Verhaltensweisen geschildert werden.

Oft unterscheiden sich Männchen und Weibchen stark in der Färbung. In diesen Fällen sind nach Möglichkeit beide Geschlechter abgebildet. Jungvögel ähneln meist den Weibchen. Sie können aber auch anders aussehen, zum Beispiel fehlt dem jungen Stieglitz (S. 126) das rote Gesicht.

Federsäume verstecken die Farbenpracht des Buchfinken im Winter. Pünktlich zum Frühjahr sind sie abgenutzt: Das Prachtkleid erscheint.

Gleich erwischt der Zilpzalp die Fliege! Auch im Garten erleichtert ein Fernglas die Bestimmung und ermöglicht neue Einblicke.

Unterschiede gibt es auch zwischen dem gewöhnlich im Frühjahr getragenen Prachtkleid und dem Aussehen in der „Nebensaison" (Schlichtkleid). Dann kommen manche Männchen wesentlich unscheinbarer daher. Selbst die sonst so bunten Erpel der Stockente (S. 182) verraten sich dann fast nur noch durch den gelben Schnabel.

… FERNGLAS …

Wenn es um das Erkennen solcher feinen Unterschiede geht, ist ein Fernglas unerlässlich. Ein gutes Fernglas – erkennbar daran, dass langes, ermüdungsfreies Beobachten möglich ist – sollte vor allem auch ein gutes Nahglas sein: Moderne Ferngläser lassen sich schon auf Distanzen von 2–3 m scharf stellen. Das ist wichtig im Garten, wo man oft auf geringe Entfernungen beobachtet.
Darüber hinaus verhilft ein Fernglas zu wirklichem Genuss-Beobachten, wenn man jedes Federchen eines badenden Spatzen oder jeden Schnabelhieb einer Sonnenblumenkerne öffnenden Kohlmeise in allen Details studieren kann.

… UND STIMMEN

Manchmal hilft aber auch ein gutes Fernglas nicht sofort weiter: Viele Vögel verraten sich erst durch die Stimme. Das gilt für den in dichter Baumkrone versteckten Gelbspötter (S. 71) ebenso wie für die nächtens singende Nachtigall oder in der Dunkelheit ziehende Watvögel. Hier erweist sich die moderne Technik als wahrer Freund des Vogelbestimmers: Musste man sich früher Vogelstimmen merken, um sie später zu Hause mit Tonaufnahmen zu vergleichen, kann man sie heute mittels CD, MP3-Player oder einer App (s. KOSMOS-PLUS-App, Klappe vorne) auf dem Smartphone ins Gelände mitnehmen und die Bestimmung sofort vor Ort überprüfen.

Vögel — im Garten

001 Elster
— *Pica pica*

MERKMALE 40–51 cm lang, wovon die Hälfte auf den schwarzen, grün glänzenden Schwanz entfällt. Das Schwarz des Körpers schillert dagegen eher violett. Der Bauch und die Schultern sind ebenso weiß wie die Handschwingen der kurzen, rundlichen Flügel. Der häufigste Ruf ist ein lautes, heiseres „tscheck-tscheck".
VORKOMMEN Offene Landschaften mit Feldgehölzen, Alleen und Streuobstwiesen bieten den über ganz Europa verbreiteten Elstern Lebensraum. Ein steter Verlust an Vielfalt in der Landschaft hat dazu geführt, dass Elstern zunehmend in Dörfer und Stadtrandgebiete ausgewichen sind.
WISSENSWERTES Vielseitigkeit und Intelligenz zeichnen viele Rabenvögel aus – auch die Elster. Ihre Findigkeit ist sprichwörtlich und lässt sie auch bei der Nahrungssuche nicht im Stich. Der Allesfresser (Insekten, Amphibien, Kleinsäuger, Aas, Früchte) genießt einen zweifelhaften Ruf als Nestplünderer

GARTENTIPP
Viele, die miterleben mussten, wie eine Elster ein Vogelnest plündert, sehen sie nicht gerne im Garten. Die Furcht, dass Elstern schädlich sind, ist aber unbegründet. Zwar räumen sie tatsächlich manches Nest aus (vor allem solche von Amsel und Türkentaube), doch hat das, wie wissenschaftliche Untersuchungen belegen, keinen nachhaltigen negativen Einfluss auf die Vogelbestände.

Ebenso unverkennbar wie die Elster selbst ist ihr großes, überdachtes Nest, das etwa einen halben Meter Durchmesser hat.

und rabiater Besucher von Futterplätzen. Elsternester lassen sich leicht erkennen. Die voluminösen, mit einer Lehmschicht ausgekleideten Reisigbauten sind mit meist dornigen Zweigen überdacht, ein Schutz gegen nestplündernde Krähen. Elstern legen Wert auf Überblick: In unübersichtlichem Gelände bauen sie ihre Nester hoch oben in Bäume. Die Geschichte von der „diebischen Elster", die ihr Nest mit erbeuteten Schmuckstücken drapiert, ist übrigens Legende – sämtliche „Fotobelege" erwiesen sich als Fälschungen. Allerdings sind Elstern tatsächlich fasziniert von glänzenden Dingen, und wie andere Rabenvögel spielen sie gerne. Ihre Gewohnheit, Nahrung zu verstecken, wobei sie peinlich darauf achten, dass keiner zuschaut, hat ihr Image ebenfalls geprägt.

Mit ihrer typischen, durch kurze Flügel und einen langen Schwanz geprägten Silhouette und der markanten Schwarz-Weiß-Zeichnung ist die Elster auch im Flug leicht zu erkennen.

002

Eichelhäher
— Garrulus glandarius

MERKMALE 32–35 cm lang, Spannweite bis zu 58 cm. Rötlich braun, Stirn gestreift, Bartstreif schwarz, am Flügel hellblaues, schwarz gebändertes Feld. Im Flug fallen der gegen den schwarzen Schwanz kontrastierende weiße Bürzel und das weiße Flügelfeld auf. Bei Beunruhigung oder Gefahr lautes, beharrliches Rätschen.
VORKOMMEN In ganz Europa häufig, überwiegend in Wäldern, aber auch in Feldgehölzen, Parks und großen Gärten.
WISSENSWERTES Während der Brutzeit leben Eichelhäher ziemlich heimlich und sind mehr zu hören als zu sehen. Der ohrenbetäubende Lärm, den die „Wächter des Waldes" veranstalten, wenn sie Gefahr – ob Mensch oder Raubtier – entdecken, gehört zu den typischen Geräuschen des Waldes. Im Herbst

Das leuchtende Blau der Eichelhäherfeder ist eine „Strukturfarbe". Sie entsteht nicht durch Farbeinlagerung, sondern durch einen speziellen Feinbau der Feder.

In der kalten Jahreszeit treten Eichelhäher gelegentlich auch in lockeren Trupps auf. Sonst sind sie eher Einzelgänger.

und Winter sind die Häher auffälliger und streifen, teilweise vom Nahrungsangebot gesteuert, einzeln oder in größeren Trupps weit umher. Jetzt sieht man sie gelegentlich auch in flapsig-langsamem Flug längere Strecken zurücklegen, während sie sich sonst eher unauffällig durchs Gebüsch drücken. Der Häher trägt seinen Namen zu Recht: Eicheln, aber auch Bucheckern und Haselnüsse, sind im Winter seine wichtigste Nahrung. Im Herbst wird systematisch gesammelt und in vielen Verstecken mit jeweils wenigen Früchten gehortet. Ein einziger Vogel kann Tausende von Eicheln „pflanzen", von denen er bis weit ins Frühjahr hinein zehrt. Erstaunlich zielsicher findet er Verstecke wieder, selbst wenn sie unter einer Schneedecke begraben sind. Vergessene Speisekammern tragen entscheidend zur Waldverjüngung bei – spätere Generationen danken es den „Gärtnern". Der Eichelhäher: ein Vorbild in punkto nachhaltigem Wirtschaften! Das sollte helfen, dem bunten Häher, der wegen gelegentlicher Übergriffe auf Singvogelnester oft kritisch gesehen wird, Gerechtigkeit widerfahren zu lassen.

GARTENTIPP

Am Futterplatz sind Eichelhäher meist recht scheu. Nüsse und Mais nehmen sie oft einfach im Schlund mit (in den über zehn Eicheln passen!) und speisen anderswo – oder sie verstecken sie nach Eichelhäherart als Vorrat für schlechte Zeiten.

003 | Dohle
— Coloeus monedula

MERKMALE 30–34 cm lang, Spannweite bis zu 73 cm. Kleiner Krähenvogel mit kurzem Schnabel, grauem Nacken und auffällig hellen Augen. Der typische Ruf ist ein lautes „kjack".

VORKOMMEN Einerseits typischer Stadtvogel, der kolonieartig an und in nischenreichen, alten Gebäuden brütet, andererseits auch abseits von Siedlungen in Felsspalten, Ruinen und größeren Baumhöhlen nistend. Weil Dohlen ihre Nahrung in offenem Gelände suchen, meiden sie geschlossene Wälder. Baumhöhlen werden als Brutplatz nur genutzt, wenn der Waldrand nicht fern ist. Im Winter können sich Dohlen, verstärkt durch Zuzug aus Osteuropa, zu großen Schwärmen zusammenschließen. Oft mischen sie sich unter die Saatkrähenschwärme und streben mit diesen allabendlich zu Sammelschlafplätzen mit Tausenden von Vögeln.

WISSENSWERTES Dohlen sind in der Nistplatzwahl sehr flexibel. Weil der Bruterfolg in tieferen Höhlen größer ist als in offenen Nischen, bevorzugen sie Erstere. Innerhalb der Kolonie besteht eine klare, soziale Rangordnung, die sich bei der Konkurrenz um Brutplätze und Nahrung am deutlichsten zeigt: Ansässige Vögel dominieren Fremde, Männchen die Weibchen. Verpaarte Weibchen rücken dagegen in den Rang des Partners auf. Verpaarte Vögel füttern sich gegenseitig, schnäbeln und kraulen sich. Die Dohlenehe hält das ganze Leben; lediglich ganz junge Dohlen steigen öfter mal aus einer Partnerschaft aus.

Dohlen sind wie Rabenkrähen oder Elstern vom eigenen Spiegelbild fasziniert und setzen sich in oft endlosen Spiegelfechtereien damit auseinander.

GARTENTIPP
Wie viele Krähenvögel sind auch Dohlen nicht wählerisch. In Städten mischen sie sich oft unter die Tauben und lassen sich mit allerlei Resten füttern. Findig wie alle Krähenvögel überprüfen sie auch Abfalleimer. Ungewohnten Nahrungsquellen begegnen sie mit Vorsicht und lassen den frecheren Spatzen als „Versuchskaninchen" den Vortritt, bevor sie selbst fressen. Ihre natürliche Nahrung: Insekten, Spinnen, Regenwürmer. In Gärten fleddern sie gern den Komposthaufen und besuchen auch Futterstellen.

Die hellgraue Iris ist auf erstaunlich große Distanz zu erkennen; sie unterscheidet die Dohlen eindeutig von ihren größeren Verwandten.

004 Rabenkrähe
— Corvus corone

MERKMALE 44–51 cm lang, Spannweite bis zu 100 cm. Vollständig schwarz mit leicht bläulich violettem Glanz, kräftiger Schnabel. Das laute „krra krra" der Rabenkrähe kann individuell sehr verschieden klingen.

VORKOMMEN Rabenkrähen sind Standvögel. Ihre Verbreitung ist in Europa auf den Westen beschränkt – im Wesentlichen Deutschland, Frankreich, die Iberische Halbinsel und England. Im Süden und Osten (Italien, Griechenland usw.), aber auch im äußersten Nordwesten (Schottland, Irland) wird die Rabenkrähe durch die Nebelkrähe ersetzt, die ein graues Körpergefieder hat. Raben- und Nebelkrähe sind „junge" Arten, die sich noch miteinander fortpflanzen können, jedoch sind ihre Nachkommen weniger fit – so stabilisiert sich langfristig die Trennung beider Arten.

GARTENTIPP
Rabenkrähen sind findige Allesfresser. Komposthaufen sind für sie ebenso attraktiv wie Futterstellen.

WISSENSWERTES Rabenkrähen besiedeln die offene Landschaft; geschlossene Wälder werden gemieden. Außerhalb der Brutzeit bilden Rabenkrähen oft Schlafgemeinschaften in Parks und Feldgehölzen; diese sind allerdings nie so kopfstark wie die der Saatkrähen (S. 42). Auch im Sommer sind kleine Trupps von Nichtbrütern unterwegs – nicht für jede Krähe reicht es zu einem Brutrevier. Unter dieser auf ihre Chance wartenden „Reserve" fallen die selbstbewusst einherschreitenden, oft

In Stadtparks werden Abfalleimer regelmäßig auf Fressbares untersucht. Vorher wird die Umgebung scharf ins Auge gefasst, um vor unliebsamen Überraschungen geschützt zu sein.

Die Trennlinie verläuft mitten durch Deutschland: Die nah verwandte Nebelkrähe *(Corvus cornix)* vertritt die Rabenkrähe im Osten.

viel größer wirkenden Revierinhaber deutlich auf. Sie müssen äußerst wachsam sein, denn die Nichtbrüter bleiben nicht tatenlos: Wenn sie können, holen sie sich Eier oder Nestlinge der Artgenossen. Das begrenzt das Wachstum der Krähenpopulation wirksamer als die immer wieder geforderte Jagd auf die Rabenvögel. Die stabilen, mehrschichtig aufgebauten Nestplattformen der Rabenkrähen haben etwa 60 cm Durchmesser. Die meist in Astgabeln im Kronenbereich angelegten Nester können mehrere Jahre genutzt werden und sind später für „Nachmieter" wie Turmfalken (S. 164), Baumfalken (S. 163) oder Waldohreulen (S. 155) wichtig.

005 | Saatkrähe
— Corvus frugilegus

MERKMALE 41–49 cm lang, Spannweite bis zu 94 cm. Ganz schwarz mit violettem Glanz. Altvögel mit unbefiedertem, weißem Schnabelgrund und struppigen „Hosen". Auch am schlanken, spitzeren Schnabel, einer steileren Stirn und einem tieferen, sonoren, rauen Krähen „korr" von der Rabenkrähe (S. 40) unterscheidbar.

VORKOMMEN Ein Vogel der offenen Landschaften, der in Mitteleuropa nur lückenhaft verbreitet ist. Im Winter durch starken Zuzug osteuropäischer Krähen viel häufiger.

WISSENSWERTES Saatkrähen tun fast nichts alleine. Besonders beeindruckend kann man das an den winterlichen Schlafplätzen erleben, wo sich gewaltige Schwärme versammeln. Von dort aus verteilen sie sich Tag für Tag über das Land, um in großen Trupps Nahrung zu suchen. Da sie das oft auf Äckern tun und dort verstreute Getreidekörner aufnehmen, wurden sie als Schädlinge verfolgt und ihre Brutkolonien, die meist bis etwa 100 Nester umfassen, rücksichtslos zerstört. Wenn verfügbar, fressen die Krähen lieber Regenwürmer und Insekten, mit denen sie auch ihre Jungen aufziehen.

Saatkrähen brüten in Kolonien, die oft schon von Weitem zu sehen sind.

006

Haubenmeise
— *Lophophanes cristatus*

MERKMALE 10,5–12 cm lang. Hübsche, braune Meise mit schwarz-weißem Kopf, gesprenkelter, aufstellbarer, spitzer Federhaube und schwarzem Kehllatz. Rufe sehr charakteristisch schnurrend „zizi-gürrrrr". Oft hört man sie nur und sieht sie nicht, weil sie als vorsichtigste aller Meisenarten oft sofort in Deckung geht, wenn sie sich beobachtet fühlt.

VORKOMMEN Die in ihrer Verbreitung auf Europa beschränkte Haubenmeise brütet fast ausschließlich in Nadelwäldern. Dort verbringt sie auch die kalte Jahreszeit. Dabei ist sie hart im Nehmen: Die Wintersterblichkeit ist bei Haubenmeisen niedriger als bei anderen Meisen. Weniger als andere Meisenarten neigen sie zum winterlichen Umherstreifen und erscheinen deshalb nicht so häufig und nur in geringer Zahl in Gärten.

WISSENSWERTES Haubenmeisen sind sehr standorttreu, brüten oft jahrelang im selben Revier, das sie auch im Winter verteidigen, und führen eine lebenslange Ehe. Die Bruthöhlen werden vom Weibchen in morsches Holz gemeißelt. Dabei beschränken sich die Vögel nicht auf Nadelholz, sondern höhlen auch weiche Stellen von Laubbäumen aus. Auch Nistkästen werden genutzt, wenn sie in guter Deckung hängen.

GARTENTIPP
Am Futterplatz sind Haubenmeisen sehr scheu. Sie schätzen Fettfuttermischungen. Samen werden gerne mitgenommen und zur späteren Nutzung versteckt.

007

Blaumeise
— Cyanistes caeruleus

MERKMALE 10,5–12 cm lang. Kleine, sehr lebhafte Meise mit blauer Kappe, weißen Wangen und schwarzem Augenstreif, blauen Flügeln und gelbem Bauch. Jungvögel blasser mit gelblichen Wangen. Gesang hell und hoch „tii-ti-ti-tirrrr" mit abschließendem Triller; viele verschiedene Rufe.

VORKOMMEN In fast ganz Europa ganzjährig anzutreffen und weitverbreitet. Dichte Nadelwälder werden gemieden. Dagegen sind lichte, höhlenreiche Laubwälder mit reichem Unterwuchs echte Blaumeisen-Paradiese. Je stärker sich Gärten diesem Ideal nähern, desto wohler fühlen sich die hübschen Vögel.

WISSENSWERTES Blaumeisen sind Spezialisten fürs Feine. Häufig turnen sie in den äußersten Zweigspitzen, oft kopfunter, und lesen mit ihrem winzigen Schnabel kleine Insekten und Spinnentiere ab. Als Blattlaus- und Raupenfresser sind sie wichtige Helfer im Garten. Im Winter sind Blaumeisen oft in großer Zahl im Röhricht unterwegs, wo sie

GARTENTIPP
Blaumeisen sind Höhlenbrüter, denen leicht geholfen werden kann. Nistkästen werden problemlos akzeptiert. Bietet man Kästen mit Flugloch-Durchmessern von 26–27 mm an, werden dickere (also stärkere) Mitbewerber ausgeschlossen. Am Futterhaus helfen ihr ihre akrobatischen Leistungen am Meisenknödel gegen die starke Konkurrenz.

Kinderreiche Familien: Im Blaumeisennest geht es oft eng zu. Wie viele Jungvögel sind es hier?

Blaumeisen ziehen gerne in Nistkästen und gehören oft zu den ersten, die einen neuen Nistkasten im Garten bemerken und inspizieren.

Insektenlarven aus den Schilfhalmen holen, die sie vorher akustisch orten. Die Brutreviere werden schon im Spätwinter besetzt. Dann werden auch alle Brutmöglichkeiten ausgelotet. Die endgültige Auswahl der Bruthöhle findet im März statt, die Brut beginnt dann gewöhnlich Mitte April. Mit bis zu 17 (meist sieben bis 13) Eiern im gut ausgepolsterten Nest sind die Blaumeisen ungewöhnlich kinderreich. Dem stehen allerdings große Verluste gegenüber: Die durchschnittliche Lebenserwartung einer Blaumeise liegt gerade mal bei zehn Monaten. Nur etwa 15 % der ausgeflogenen Jungen überleben bis zur nächsten Brutsaison. Dafür sorgen Nahrungsmangel, schlechtes Wetter und Feinde – in erster Linie der Sperber (S. 170). Trotzdem fehlen Blaumeisen in kaum einem Garten.

Jungvögeln (Mitte) fehlt die blaue Kappe der Altvögel.

008 | **Kohlmeise**
— Parus major

MERKMALE 13,5–15 cm lang. Unsere größte und kräftigste Meise, mit schwarzem Kopf, weißen Wangen und gelbem Bauch, der bei den Männchen einen breiten, bei den Weibchen einen schmalen Längsstrich trägt. Bei Jungvögeln sind Wangen und Unterseite blassgelb. Die Lautäußerungen der Kohlmeise sind verwirrend vielfältig, der schon im Spätwinter erklingende Gesang meist laut metallisch und etwas monoton „zii-bä zii-bä …" oder „zi-zi-täh, zi-zi-täh …".

VORKOMMEN Kohlmeisen sind echte „Allrounder", die zwar, wie die Blaumeise, Laubwald bevorzugen, aber überaus anpassungsfähig sind und so zu den häufigsten Gartenvögeln gehören. Sie sind das ganze Jahr im Brutgebiet anzutreffen.

WISSENSWERTES Wo ein Hohlraum ist, ist auch ein Nistplatz: Kohlmeisen, von Natur aus auf Baumhöhlen angewiesen, nutzen auch

GARTENTIPP
Am Futterhaus gehört die große Meise zu den auffälligsten Arten. Ein kräftiger Körnerfresser-Schnabel fehlt ihr zwar; die Meißeltechnik führt aber auch zum Ziel. Dabei werden die Samen zwischen die Füße geklemmt und mit kräftigen Schnabelhieben bearbeitet. Für die Brut hängen Sie Nistkästen mit einem Flugloch-Durchmesser von 30–32 mm auf.

Im Winter sind Insekten knapp. Jetzt stellen fett- und ölreiche Samen einen Teil der Nahrung. Futterstellen werden deshalb gerne besucht.

unkonventionelle Orte wie Briefkästen oder Laternenmasten zur Brut. Mit Nistkästen lässt sich die Dichte in Wald, Park oder Garten enorm steigern. Zwei Bruten pro Jahr mit jeweils sechs bis zwölf Eiern sind normal. Im Sommer hauptsächlich Insektenfresser, stellen Kohlmeisen im Winter teilweise auf Pflanzensamen wie Bucheckern um (vor die Wahl gestellt, bevorzugen sie dann allerdings auch tierische Nahrung). Futter wird sowohl auf Bäumen, wo sie weniger geschickt sind als andere Meisenarten, als auch am Boden gesucht. Daneben sind Kohlmeisen auch überaus findig und wenig scheu, wenn es um ungewöhnliche Futterquellen geht. Wer regelmäßig im Garten frühstückt, bekommt oft schnell Besuch und muss die Butterschale in Sicherheit bringen …

Hier wohnt eine Familie: Die jungen Kohlmeisen werden mit Insekten, Spinnentieren, Tausendfüßern und Würmchen gefüttert.

009 Sumpfmeise
— *Poecile palustris*

MERKMALE 11,5–13 cm lang. Unscheinbar gefärbte Meise, graubraun, mit schwarzem Oberkopf, weißen Wangen und kleinem Kinnfleck. Ruft explosiv „pist-ja", Gesang häufig in gleicher Höhe vorgetragene, monotone, schnelle Tonfolge „tep tep tep …".
VORKOMMEN Laub- und Mischwälder mit genügendem Altholzanteil, Feldgehölze, Parks und größere Gärten bis in die Innenstädte.
WISSENSWERTES Zwar lässt sich auch diese Meisenart mit Nistkästen unterstützen; lieber brüten Sumpfmeisen aber in Naturhöhlen. Im Frühjahr inspizieren sie ihr Revier, untersuchen alle Astlöcher und erweitern durch Fäulnis entstandene Höhlenansätze durch kräftiges Hacken mit dem Schnabel zur Brutgelegenheit. Insekten und Spinnentiere decken den Nahrungsbedarf im Sommer. Aber auch Sämereien spielen ganzjährig eine größere Rolle als bei den anderen Meisen, die darauf eher im Winter zurückgreifen. Sumpfmeisen sind ziemlich sesshaft. Wenn möglich, siedeln sie sich in unmittelbarer Nähe ihres Geburtsorts an und verlassen ihr Revier später nicht mehr. Die bei vielen anderen Meisenarten vorkommenden winterlichen „Invasionen", bei denen plötzlich sehr viele Vögel einer Art am Futterhaus auftauchen, kennt man von Sumpfmeisen nicht. Dort erscheinen sie meist zu zweit: Sumpfmeisen führen, für Kleinvögel eher ungewöhnlich, eine monogame Dauerehe.
Nahe verwandt ist die Weidenmeise, die sich von der Sumpfmeise am deutlichsten durch ihre Stimme unterscheidet (Foto rechts).

Nicht verwechseln: Auch Mönchsgrasmücken (S. 64) haben eine schwarze Kopfplatte, aber keinen Kinnfleck.

Im Gegensatz zur Sumpfmeise ein seltener Gast im Garten: die ganz ähnliche Weidenmeise *(Poecile montanus)*

GARTENTIPP
Ein typisches Verhalten ist am Futterhaus leicht zu beobachten: Sumpfmeisen legen sich gerne kleine Nahrungsvorräte an. Sie nehmen dazu mehrere kleine Samenkörner auf einmal in den Schnabel – was Kohl- oder Blaumeisen nicht können – und tragen sie weg, um sie anschließend einzeln in Rindenspalten, Mauerritzen oder Flechten zu verstecken. Sumpfmeisen können auf diese Weise mehrere Hundert Samen verstecken und fressen sie dann innerhalb der nächsten paar Tage.

010 | Schwanzmeise
— *Aegithalos caudatus*

MERKMALE 13–15 cm lang (davon bis zu 9 cm Schwanz). Winzig, mit rundlichem Körper und extrem langem Schwanz. Schnabel sehr fein. Kopf weiß mit starkem, schwarzem Überaugenstreif, Oberseite schwarz-braun-weiß, Unterseite hell, Flanken und Bauch braunrosa. Von Westen nach Osten zunehmend brüten auch Vögel, denen der Überaugenstreif fehlt. Auffallende Rufe: sehr hoch und scharf „sri-sri-sri" und ein hölzern schnurrendes „tserr".

VORKOMMEN Mitteleuropäische Schwanzmeisen leben als Standvögel, die keine größeren Zugbewegungen machen, in lichten (Laub-)Wäldern, von Feldgehölzen durchzogenen, offenen Landschaften sowie in Streuobstwiesen, Parks und Friedhöfen. Im Winter können zusätzlich Schwanzmeisen aus Nordeuropa auftauchen, die sich an ihrem reinweißen Kopf und der helleren Unterseite von den heimischen unterscheiden.

In Ost- und Nordeuropa brütende Schwanzmeisen haben weiße Köpfe.

Am Futterplatz erscheinen Schwanzmeisen fast stets im Trupp. Der lange Schwanz dient als Balancierstange bei der Bewegung in feinem Gezweig.

WISSENSWERTES Wer Schwanzmeisen sehen will, muss ganz Ohr sein. Ein hohes „sri" – und schon ist der kleine Trupp wieder vorbei. Dabei suchen die emsig durchs Gebüsch huschenden, kleinen Vögel pausenlos nach Nahrung, fast ausschließlich Insekten. Im Winterhalbjahr verbringen die kleinen Zweigakrobaten mehr als 90 % ihrer Zeit mit der Futtersuche! Die Schwanzmeisen eines Schwarms halten eng zusammen. In kalten Nächten kuscheln sie sich dicht zusammen, um Energie zu sparen. Am Futterplatz streiten sie nie. Sie verteidigen ihr gemeinsames Revier aber gegen andere Trupps.

GARTENTIPP

Schwanzmeisen gehören zu den eher seltenen Besuchern am winterlichen Futterplatz. Einmal entdeckt, werden Fettfuttermischungen aber gerne genommen. Anders als „echte" Meisen nutzen Schwanzmeisen keine Nistkästen. Sie bauen sich in Gebüschen und Bäumen aus Spinnfäden, Moos, Haaren, Federchen und feinen Halmen ein stabiles und hervorragend isolierendes Kugelnest mit Seiteneingang. Außen ist das Nest meist mit Flechtenstückchen verkleidet. Stammen diese vom Brutbaum, ist das Nest dadurch perfekt getarnt.

011 Tannenmeise
— Periparus ater

MERKMALE 10,5–11 cm lang. Ähnelt einer kleinen Kohlmeise, ist aber weniger bunt, hat einen weißen Nackenstreif und zwei weiße Flügelbinden. Gesang eilig klagend „wit-jä wit-jä wit-jä …".

VORKOMMEN Der Name passt: Tannenmeisen mögen Nadelbäume – Fichten sogar noch lieber als Tannen – und brüten bevorzugt in reinen Nadel- oder Mischwäldern. Außerhalb der Brutzeit sind die in fast ganz Europa verbreiteten Vögel aber sehr mobil und auch in Gärten nicht selten, vor allem wenn Koniferen und Futterstellen locken.

WISSENSWERTES Wie andere Meisen ein Höhlenbrüter, der gerne in Nistkästen geht; allerdings brüten Tannenmeisen nur selten in Gärten. Ansonsten überaus flexibel in der Nistplatzwahl und außer in Bäumen auch in Mauerlöchern und sogar unterirdisch in Mauselöchern brütend. Im Sommer werden vor allem Insekten und Spinnen vertilgt. Raupen spielen als Kinderfutter eine große Rolle – damit sind Tannenmeisen wichtige Gegenspieler von Forstschädlingen. Im Winter stehen Samen von Fichte und Tanne an erster Stelle.

GARTENTIPP
Tannenmeisen besuchen gerne Futterstellen. Futter wird oft mitgenommen und andernorts verspeist.

012 | Uferschwalbe
— Riparia riparia

MERKMALE 12–13 cm lang. Kleine, sandbraune Schwalbe mit heller Unterseite und deutlichem Brustband. Schwanz nur schwach gegabelt. Oft in dichten Gruppen niedrig über dem Wasser jagend. Dabei ist häufig ein raues „trrsch" zu hören.

VORKOMMEN Sommervogel, der ab Anfang April in Mitteleuropa eintrifft und im Lauf des Septembers wieder gen Afrika zieht. In Europa bis in den hohen Norden vorkommend.

WISSENSWERTES Das Schicksal der Uferschwalbe ist weit weniger eng mit dem Menschen verknüpft als das der Mehl- oder Rauchschwalbe. Die kleinste europäische Schwalbe brütet in Kolonien in selbst gegrabenen Röhren in sandigen oder lehmigen Steilwänden. Solche entstehen (und verschwinden) laufend, wenn dynamische Flüsse Prallhänge unterschneiden. Und hier kommt dann doch der Mensch ins Spiel, der den freien Lauf der Flüsse weitgehend unterbunden hat. Ersatz entstand zum Glück in Form zahlreicher Kies- und Sandgruben. Viele der Wände sind allerdings wenig standfest, die Brutplätze kurzlebig. Zur Erneuerung ist aktiver Naturschutz mit dem Bagger nötig.

Das dunkle Brustband ist auch auf große Entfernung gut zu sehen und hilft bei der Bestimmung.

013 | Rauchschwalbe
— Hirundo rustica

MERKMALE 17–21 cm lang, davon entfallen 3–6,5 cm auf die Schwanzspieße, Jungvögel mit kurz gegabeltem Schwanz und deshalb nur 14–15 cm lang. Glänzend blauschwarz mit heller Unterseite und braunrotem Gesicht; Jungvögel blasser und matter. Gesang mit langen, schnell zwitschernden, mit einem schnurrenden Laut endenden Strophen, Rufe „witt-witt".

VORKOMMEN Über ganz Europa verbreiteter Kulturfolger, der sich sehr eng an den Großvieh haltenden Menschen angeschlossen hat und seine Nester überwiegend im Inneren von Ställen und anderen Bauwerken anlegt.

WISSENSWERTES Das aus getrocknetem Schlamm mit einigen Pflanzenstängeln gebaute napfförmige Nest ruht meist auf einer Unterlage: Balken, Leitungsrohre, Stalllaternen. Als reiner Insektenfresser, der seine Nahrung in schnellem, wendigem Flug erbeutet, ist die Rauchschwalbe natürlich ein Zugvogel, der im tropischen Afrika überwintert und sich in Mitteleuropa nur zwischen April und September aufhält. Die Zeit genügt, um zwei Bruten mit je vier bis fünf Jungen großzuziehen. Gerne jagen die Schwalben über Wiesen, Viehweiden und Gewässern, schießen bei schlechtem Wetter niedrig über jede Bodenwelle, während sie bei Schönwetterlagen hoch in der Luft unterwegs sind. Im Herbst sammeln sich die Schwalben dicht an dicht auf Leitungsdrähten. Sie übernachten jetzt auch gerne gemeinsam und bilden vor allem im Schilf große Schlafgemeinschaften. Die reiche Insektenfauna größerer Gewässer liegt dann direkt in Schnabelweite.

Harte Arbeit für die Eltern: Um ihre Jungen in diesem Alter satt zu bekommen, fliegen sie jeden Tag 500mal mit Futter an!

GARTENTIPP

Brutplätze und Nistmaterial werden zunehmend zur Mangelware, was mit der rasanten Veränderung der Landwirtschaft zu tun hat, die zunehmend industriell produziert. Offene Ställe, die bei Schlechtwetterperioden „Indoor-Jagen" ermöglichen, sind kaum ersetzbar. Wo es nur an Baumaterial fehlt, lässt sich entweder durch die Anlage kleiner Lehmpfützen oder mit Nistkonsolen oder künstlichen Nestern nachhelfen. Diese müssen im Inneren von Gebäuden angebracht sein. Um Zugang zu schaffen, genügt ein kleines Einflugloch von 10 × 10 cm. Zum Ausruhen und Singen sitzen Schwalben gerne auf Drähten.

Die langen Schwanzspieße sind ein typisches Merkmal erwachsener Rauchschwalben.

014 | Mehlschwalbe
— Delichon urbicum

MERKMALE 13,5–15 cm lang. Oberseite schwarz mit bläulichem Glanz, Bürzel leuchtend weiß, Unterseite mehlweiß, Schwanz nur leicht gegabelt. Auffälliger als der Gesang sind die häufig zu hörenden Rufe „prrit prrit".
VORKOMMEN Wie die Rauchschwalbe ein in ganz Europa verbreiteter Kulturfolger. Während diese eher die Landwirtschaft schätzt, besiedelt die Mehlschwalbe selbst Innenstädte. Viel seltener sind natürliche Brutplätze unter Felsvorsprüngen.
WISSENSWERTES Mehlschwalben lieben Gesellschaft. Ihre Nester, aus Schlamm gebaute Viertelkugeln, die nur einen kleinen Einschlupf offen lassen, sind meist koloniеartig unter dem Dachtrauf gereiht. Die Kolonien bleiben oft viele Generationen bestehen. Brauchbare Nester werden im nächsten Jahr

Meist bauen Mehlschwalben ihre Nester in einer Linie unterm Dachtrauf. Eher ungewöhnlich: Brutplätze in einem gotischen Kirchenportal.

Pfützen mit feuchtem Schlamm zum Nestbau gehören zu den begehrten, aber immer knapper werdenden Ressourcen in einer Welt der asphaltierten Wege.

wieder bezogen, Ruinen repariert. Spatzen, die sich ganz gerne mal ins gemachte Nest setzen, werden vehement abgewehrt. Die Herstellung eines neuen Nestes kostet etwa zehn Tage; dabei werden ungefähr 1000 Lehmklümpchen verarbeitet. Unmittelbar danach beginnt die Eiablage; vier oder fünf Eier und eine oder zwei Jahresbruten sind die Regel. Nester dienen nicht nur zur Brut, sondern auch zum Übernachten. Bei kaltem Regenwetter bleiben Mehlschwalben auch tagsüber zu Hause, wobei sich bis zu 18 Vögel in einem einzigen Nest drängeln können. Längere Schlechtwetterperioden erzwingen manchmal tagelange Jagdpausen, welche die ausschließlich von kleinen Fluginsekten lebenden Schwalben dadurch überstehen, dass sie ihre Körpertemperatur um einige Grade absenken und in einen energiesparenden Starrezustand (Torpor) fallen. Mehlschwalben jagen meist in größerer Höhe als Rauchschwalben. Deren weicher Flug unterscheidet sich deutlich vom flatternden Flugstil der Mehlschwalben. Im Herbst – vor dem Flug nach Afrika – sammeln sich Mehlschwalben oft in großer Zahl auf Leitungsdrähten.

GARTENTIPP

Kunstnester werden gerne angenommen. Sie sollten immer zu mehreren montiert werden, weil Mehlschwalben ungern alleine brüten. Darunter lassen sich Kotbrettchen anbringen, damit Straße oder Passanten sauber bleiben.

015

Haubenlerche
— *Galerida cristata*

MERKMALE 17–19 cm lang. Graubrauner Bodenvogel mit spitzer und ein wenig zerzauster Haube, die aufgerichtet werden kann, aber auch angelegt noch deutlich sichtbar ist. Oberseite hell- und dunkelbraun gestreift, unterseits hell mit braun gestreifter Brust. Schnabel kräftig. Häufig zu hören, besonders mit einem Ruf aus drei bis vier flötenden Tönen „di-dji-djii". Singt von einer Warte oder in der Luft kreisend. Begabter Spötter, der viele verschiedene Laute und ganze Passagen anderer Vogelarten in seinen Gesang einbaut. Im Käfig gehaltene Haubenlerchen lernen, ganze Melodien nachzupfeifen.
VORKOMMEN Die Haubenlerche ist ein Standvogel, der in Europa nur den Norden (Skandinavien, Großbritannien) und die Alpen meidet. In höheren Lagen (über etwa 500 m NN) fehlt die Art allerdings weitgehend. Offenes, spärlich bewachsenes, trocken-warmes „Ödland", Industriebrachen, Sportgelände, Weg- und Straßenränder, Ruderalflächen sind ihr Zuhause.

Die Unterflügel der Haubenlerche sind rötlich braun gefärbt; der Schwanz lässt die weißen Außenkanten anderer Lerchenarten vermissen.

Zwar sind Haubenlerchen Bodenvögel; im Brutrevier nutzen sie aber gerne erhöhte Warten, um sich Überblick zu verschaffen.

Nicht immer sticht die Haube der Lerche ins Auge. Jungvögel zum Beispiel haben kürzere Scheitelfedern.

WISSENSWERTES Lange haben sich Haubenlerchen bei uns wohlgefühlt. Schon in den Steppentundren der letzten Kaltzeit lebten sie hier, mussten Mitteleuropa dann aber mit dem Aufkommen des Waldes räumen. Ihre Wiedereinwanderung verdanken sie nicht dem Klima, sondern dem Menschen. Landwirtschaft schuf „Kultursteppe" und damit wieder Lebensraum für die Haubenlerche. Spätestens seit dem Hochmittelalter gehört die Art wieder zu unserer Fauna, reagierte jedoch immer empfindlich auf klimatische Schwankungen. Historische Quellen belegen, dass jahrzehntelang anhaltende Kältephasen („kleine Eiszeiten") zu Rückgängen führten, längere Wärmeperioden dagegen eine Ausbreitung begünstigten. Darüber hinaus gehörten die Steppenbewohner zu den „Kriegsgewinnlern", die Mitte des 20. Jahrhunderts auf Trümmerarealen selbst die Zentren der großflächig zerstörten Städte erreichten.

Inzwischen gilt die Haubenlerche nach jahrelangem starkem Rückgang in weiten Teilen Deutschlands als vom Aussterben bedroht. Einer der Gründe: die Technisierung der Landwirtschaft mit verstärktem Einsatz von Bioziden und Düngern, sodass kaum mehr Vegetationslücken vorhanden sind, auf denen die bodenlebenden Vögel Futter suchen können. Im Sommer stellen Haubenlerchen überwiegend Insekten nach. Im Winter, den sie im Brutgebiet verbringen, ernähren sie sich von Wildkrautsamen, Getreide und Dreschabfällen – alles zunehmend Mangelware.

016 | **Zilpzalp**
— *Phylloscopus collybita*

MERKMALE 10–12 cm lang. Klein und unscheinbar, mit ins Grünliche spielender, graubrauner Färbung, sehr feinem Insektenfresser-Schnabel, dünnem, hellem Überaugenstreif und dunklen Beinen. Laubsänger wie Zilpzalp oder Fitis (S. 61) sind am Federkleid meist sehr schwierig zu bestimmen. Auffällig ist dagegen der typische Gesang, ein lautes und anhaltend wiederholtes, monotones „zilp zalp".

VORKOMMEN Im Frühjahr hört man den Zilpzalp vor allem in unterholzreichen Wäldern, in Parks und größeren Gärten; gerade in Letzteren bedeutet Gesang aber noch nicht, dass er hier auch brütet. Gesungen wird auch schon vor Bezug des eigentlichen Brutreviers.

WISSENSWERTES Laubsänger brüten in kugeligen Nestern mit seitlichem Eingang („Backofennest") in dichtem Pflanzenwuchs am oder knapp über dem Boden. Der Zilpzalp ist überwiegend Kurzstreckenzieher und überwintert schon in den Mittelmeerländern. Immer wieder versuchen einzelne Vögel auch bei uns auszuharren – im Zusammenhang mit der Klimaerwärmung eine Erfolg versprechende Strategie.

GARTENTIPP
Wer einen Zilpzalp sehen will, pflanze eine Weide. Der Insektenfresser, der bereits sehr früh aus dem Winterquartier zurückkehrt, huscht dann, immer in Bewegung, durch die blühenden Bäume, deren Kätzchen die Insekten magisch anziehen – und damit auch den Laubsänger.

017

Fitis
— *Phylloscopus trochilus*

MERKMALE 11–12,5 cm lang. Klein und schlank mit dem dünnen Schnabel eines Insektenfressers. Oberseite grünlich, Unterseite hell gelbweiß, Jungvögel kräftiger gelb. Deutlicher, heller Überaugenstreif und dunkler Augenstreif. Beine meist hellbraun. Vom Zilpzalp leicht am Gesang zu unterscheiden, einer weich-melodisch abfallenden Strophe, die etwas an einen traurig gestimmten Buchfinken erinnert.

Ein ausgeprägterer Überaugenstreif, hellere Beine und längere Flügel unterscheiden den Fitis vom ähnlichen Zilpzalp.

VORKOMMEN Der Fitis, einer der häufigsten Vögel Mitteleuropas, fehlt in Südeuropa, besiedelt dagegen den Norden bis ans Eismeer. Lichte Waldbestände schätzt der Fitis, der im Sommer fast stets auf Bäumen anzutreffen ist, besonders.

WISSENSWERTES Ein typischer Gartenvogel ist der Fitis eigentlich nicht. Gleichwohl kann man ihn im Frühjahr nicht selten hier singen hören. Meist handelt es sich dabei um Zugvögel, die auf dem Weg in ihre Brutheimat schon mal ein bisschen üben. Als reiner Insektenfresser verlässt der Fitis Europa im Winter. Er überwintert im Westen und Süden Afrikas – ein Zugweg von 6000–13 000 km, den die nur 9 g „schweren" Fitisse zweimal im Jahr zurücklegen und von dem nur etwa ein Drittel der Vögel ins Brutgebiet zurückkehrt.

018 Feldschwirl

— Locustella naevia

MERKMALE 12,5–13,5 cm lang. Klein und schlank. Oberseite olivbraun, dunkel gestreift, Unterseite heller und weitgehend einfarbig, Beine rosa, keilförmiger, brauner Schwanz, Insektenfresser-Schnabel. Der Feldschwirl ist extrem schwierig zu beobachten, verrät sich aber durch seinen Gesang, ein mechanisches, viele Minuten (bis über eine Stunde!) anhaltendes Schwirren, das spontan eher einem Insekt zugeordnet wird als einem Vogel („Heuschreckenschwirl").

VORKOMMEN Sommervogel in offenem Gelände mit dichter Krautschicht, die von einigen Stauden oder Büschen überragt wird. Natürliche Sukzession (zum Beispiel auf Kahlschlägen) verändert solche Gebiete oft schnell und bietet dem Schwirl nur für wenige Jahre Brutraum.

WISSENSWERTES Nur wenn ein Schwirl singt, hat man eine gute Chance, ihn zu entdecken. Gelegentlich wagt er sich dabei nämlich etwas aus der Deckung. Die Ortung wird aber dadurch erschwert, dass der Vogel immer wieder den Kopf wendet, was die Klangfarbe des Gesangs verändert und so einen Standortwechsel vortäuscht.

Starke Streifung und ein keilförmiger Schwanz sind typische Merkmale des Feldschwirls.

019 | Sumpfrohrsänger
— *Acrocephalus palustris*

MERKMALE 13–15 cm lang. Fast einfarbig brauner Vogel mit hellerer Unterseite und Insektenfresser-Schnabel. Von verwandten Arten am Aussehen schwierig zu unterscheiden, was dadurch nicht erleichtert wird, dass sich der durch dichte Vegetation huschende Vogel selten zeigt. Wie so oft ist es der Gesang, der weiterhilft, eine nicht in Strophen gegliederte, nur durch kurze Pausen unterbrochene und rhythmisch gegliederte Folge melodischer, gequetschter und kratzender Töne – im Endeffekt angenehm anzuhören.

VORKOMMEN Erst im Mai aus ihrem ostafrikanischen Winterquartier eintreffend, besiedelt die Art Hochstaudenfluren, Grabenränder, mit Brennnesseln und Brombeeren bestandene Bahndämme und Felder („Getreiderohrsänger"), aber ungeachtet ihres Namens kaum Sümpfe.

WISSENSWERTES Berühmt ist der Rohrsänger als einer der wenigen Nachtsänger, aber auch für sein exzellentes, in Europa unerreichtes Nachahmungstalent; hören Sie hierzulande einen afrikanischen Vogel, ist es ein Sumpfrohrsänger, der die Klänge direkt aus seinem Winterquartier importiert hat.

Zur Gruppe der „ungestreiften Rohrsänger" gehören mehrere, am einfachsten an ihrem Gesang unterscheidbare Arten.

020 | Mönchsgrasmücke
— Sylvia atricapilla

MERKMALE 13,5–15 cm lang. Grau mit schwarzer (Männchen) oder rotbrauner (Weibchen und Jungvögel) Kopfplatte („Schwarzplättchen") und feinem Insektenfresser-Schnabel. Gesang mit Strophen, die leise beginnen und mit einem lauten, melodisch flötenden Schluss enden; Warnrufe sehr hart „tekk tekk" (als würden zwei Kiesel aneinandergeschlagen).

GARTENTIPP
Wer den schönen Gesang der Mönchsgrasmücke genießen will – was früher ein Grund war, den Vogel im Käfig in die gute Stube zu stellen –, überlasse eine Ecke seines Garten dichtem Unterholz. Rankende Brombeeren schützen den Neststandort vor streunenden Katzen. Beerentragende Sträucher locken die Grasmücken im Spätsommer und Herbst in den Garten.

VORKOMMEN In nahezu ganz Europa verbreiteter Kurzstreckenzieher mit Überwinterungsgebieten in Süd- und Westeuropa. In Mitteleuropa bei weitem die häufigste Grasmückenart und in Wäldern und Parks, Friedhöfen und Gärten überall vertreten, wenn diese dichtes Unterholz aufweisen.

WISSENSWERTES Ihre Napfnester aus Stängeln, Würzelchen und Pflanzenfasern baut die Mönchsgrasmücke in Astgabeln im dichten Gewirr der Sträucher, meist kaum höher als 1 m über dem Boden. Bei normalerweise nur einer Brut im Jahr werden vier bis fünf Junge großgezogen. Während der Brutzeit

Weibchen und Jungvögel haben keine schwarze, sondern eine rotbraune Kopfplatte.

überwiegend Insektenfresser, gewinnen Früchte vor dem Wegzug im Herbst dann zunehmend an Bedeutung. Holunder, Heckenkirsche, Hartriegel oder Eibe werden ebenso gerne gefressen wie die bis in das Frühjahr hinein verfügbaren Beeren des Efeus. Die Nutzung von Beeren verbunden mit intensiver Zufütterung erlaubt zunehmende Überwinterung auf den britischen Inseln, die auch klimatisch durch den Meereseinfluss bevorzugt sind; Mitteleuropa wird dagegen, obwohl weiter im Süden liegend, im Winter fast stets verlassen. Bereits im März sind die ersten Grasmücken aber wieder hier und dann nicht zu überhören. Ihr wunderbarer Gesang erklingt fast den ganzen Tag hindurch und bis weit in die Brutzeit hinein.

Obst steht eher selten auf dem Speiseplan. Normalerweise sind Mönchsgrasmücken an kleineren Früchtchen interessiert.

021 | Gartengrasmücke
— Sylvia borin

MERKMALE 13–14 cm lang. Unscheinbar olivbraun mit hellerer Unterseite und undeutlichem, grauem Fleck an den Halsseiten und angedeutetem hellen Augenring. Die „graue Maus" unter den Grasmücken besticht aber durch ihren Gesang aus lauten, melodischen Strophen, die neben leicht gequetschten auch tief orgelnde Töne mit „Amsel-Sound" einschließen. Warnruf rhythmisch „wät-wät-wät", Erregungsruf „chäid".

VORKOMMEN Die Gartengrasmücke besiedelt nahezu ganz Europa. Aus Afrika südlich der Sahara kommend, trifft der Langstreckenzieher ab Ende April im Brutgebiet ein. Ihren Namen trägt die Art nicht ganz zu Recht – andere, wie Mönchs- und Klappergrasmücken (S. 64, 68), sind in Gärten häufiger. Die Gartengrasmücke zieht gebüschreiches, offenes Gelände vor, feuchte Gehölze mit dichter Krautschicht, unterholzreiche, helle Laub- und Mischwälder. Im Siedlungsbereich kommen nur waldähnliche Friedhöfe und entsprechend angelegte Gärten in Frage.

WISSENSWERTES Wie kommen Kleinvögel zielsicher ins Tausende von Kilometern entfernte Winterquartier und wieder nach Hause? Untersuchungen an den nachts ziehenden Gartengrasmücken haben geholfen, einer Antwort auf diese Frage näherzukommen. Danach unterliegen Zugzeiten und Richtungen einem einerseits genetisch festgelegten, andererseits hinreichend flexiblen inneren Programm. Das beginnt mit der Einlagerung des als Treibstoffvorrat für den langen Weg benötigten Fettes, setzt sich fort im Abflugtermin – lange bevor Kälte und

Besondere Kennzeichen: keine. Nur die etwas heller grauen Halsseiten verraten die Gartengrasmücke.

Nahrungsmangel das erzwingen – und in den durch die Dauer der „Zugunruhe" vorgegebenen Wegstrecken. Gerade rechtzeitig schalten die Gartengrasmücken, die über Spanien nach Afrika ziehen, von einer Südwest-Richtung, die sie aufs offene Meer führen würde, auf eine Südsüdost-Richtung um. Schließlich gehört auch die komplette Erneuerung der Tragflächen (Schwung- und Steuerfedern) im Winterquartier zum Programm, das nicht nur in freier Wildbahn, sondern auch im Labor abläuft – ein klarer Beweis für seine innere Steuerung. Bei diesem vollen Kalender wundert es nicht, dass es in aller Regel bei einer Brut pro Jahr bleibt.

Zur Bestimmung achten Sie auf die grauen Halsseiten, die allerdings nicht immer gut zu sehen sind.

022 | **Klappergrasmücke, Zaungrasmücke**
— *Sylvia curruca*

MERKMALE 11,5–13,5 cm lang. Graubraun mit grauem Scheitel und dunklerer Maske um Auge und Ohr, Unterseite hell, Kehle weiß. Der Gesang beginnt mit leisem, eiligem Schwätzen und endet mit einem lauten, hölzernen Klappern („Müllerchen") – der beste Hinweis auf die Anwesenheit des sonst eher heimlichen Vogels. Aus einiger Entfernung ist nur das Klappern zu hören. Weil singende Vögel oft frei auf Baumspitzen sitzen, lassen sie sich dann auch leicht beobachten.

VORKOMMEN Büsche müssen sein, aber die Klappergrasmücke zieht – anders als die häufigere Mönchsgrasmücke (S. 64) – offeneres Gelände vor und meidet geschlossene Wälder. Hecken, Parks, Bahndämme, Weinberge, Friedhöfe und größere Gärten bieten Brutraum. In der Zwergstrauchregion der Alpen brütet die Art bis in über 2000 m über NN.

WISSENSWERTES Für die Anlage des locker aus Stängeln gebauten, mit Gespinsten und Pflanzenwolle verwobenen Nests werden bevorzugt Dornsträucher und -hecken gewählt. Die Jungen verlassen das Nest, oft noch völlig

GARTENTIPP
Mit dichtem Buschwerk, das nicht unbedingt hoch sein muss, lässt sich die Ansiedlung der Klappergrasmücke fördern. Da die Vögel ihre Insektennahrung im Herbst durch alle möglichen Beeren ergänzen, ist eine Kombination von schützenden Dornen oder Stacheln mit leckeren Früchten ideal.

Blütenstände sind ein lohnendes Ziel für Insektenfresser wie die Klappergrasmücke.

Ein scharfer Kontrast zwischen den dunklen Wangen und der weißen Kehle ist typisch für die Klappergrasmücke.

flugunfähig, bereits nach zwölf Tagen, werden aber noch drei Wochen intensiv betreut. Kleine Insekten, darunter neben Schmetterlingsraupen sehr viele Blattläuse, dienen als Nahrung. Klappergrasmücken sind Langstreckenzieher, die im April hier eintreffen und im September wieder verschwinden, um südlich der Sahara im östlichen Afrika zu überwintern. Ungewöhnlich ist dabei die Zugrichtung der Klappergrasmücke: Während die meisten mitteleuropäischen Zugvögel im Herbst nach Südwesten fliegen und Afrika über die Iberische Halbinsel erreichen, ziehen Klappergrasmücken nach Südosten und schwenken erst im östlichen Mittelmeerraum nach Süden.

023

Dorngrasmücke
— *Sylvia communis*

MERKMALE 13–15 cm lang. Aus der Nähe betrachtet recht bunt: grauer Kopf mit weißem Augenring, weiße Kehle, rosa getönte Unterseite, graubrauner Rücken und breite, rostrote Federsäume im Bereich des Flügels. Weibchen blasser. Gesang mit kurzen, etwas hektisch und kratzig klingenden Strophen, oft von der Spitze eine Busches oder in einem kurzen Singflug vorgetragen.

VORKOMMEN In den Savannen Afrikas überwinternder Weitstreckenzieher, von April bis September in offenen, wärmebegünstigten Heckenlandschaften. Nest bodennah, meist gut geschützt in Beständen von Brombeeren oder Brennnesseln.

WISSENSWERTES „Communis", also überall häufig, ist die Art schon lange nicht mehr. Die Dorngrasmücke zeigt sehr starke, natürliche Bestandsschwankungen, die aber von einem Rückgang überlagert werden. Gründe für Erstere werden hauptsächlich im Überwinterungsgebiet gesucht. Dürren in der Sahelzone wirken sich direkt auf die Überwinterer aus. Der langfristige Trend scheint dagegen hausgemacht und in erster Linie eine Folge der Ausräumung der Landschaft.

Start zum Singflug, der nur wenige Meter in die Höhe führt und schnell wieder in der Deckung der Hecke endet.

Orpheusspötter: Kürzere Flügel unterscheiden ihn vom Gelbspötter.

024

Gelbspötter
— Hippolais icterina

MERKMALE 12–13,5 cm lang. Auf den ersten Blick einem Fitis (S. 61) ähnelnd, aber größer und stabiler gebaut, mit kräftigerem Schnabel. Durch gesträubte Scheitelfedern haben Gelbspötter oft ein eckiges Kopfprofil. Auf der grünlichen Oberseite fallen die hellen Federsäume der Schwingen auf, die Unterseite ist kräftig gelb, die Beine blaugrau. Der Gesang, ein fortlaufendes, lautes, teils scharfes Schwätzen mit vielen, von anderen Vogelarten übernommenen Elementen, ertönt meist aus einer Baumkrone.
VORKOMMEN Erst im Mai eintreffender Sommervogel, der in unterholzreichen, lichten Laubwäldern (gerne in Auwäldern), in Feldgehölzen, Parks und größeren Gärten brütet.
WISSENSWERTES Anders als die am Boden brütenden Laubsänger baut der Gelbspötter sein in einer Astgabel verankertes Napfnest in Büschen und Bäumen. Der mittel- und osteuropäisch verbreitete Gelbspötter hat eine Zwillingsart, den Orpheusspötter *(Hippolais polyglotta)*, der ihn in Südwesteuropa vertritt, wobei sich die „Trennlinie" langsam nach Norden verschiebt – eine Folge des Klimawandels.

Gelbspötter (links) und Orpheusspötter

025

Wintergoldhähnchen
— *Regulus regulus*

MERKMALE 8–9,5 cm lang. Kleinster europäischer Vogel. Im Sommer schlank, bei Kälte zunehmend kugelig aufgeplustert. Oberseite grünlich, Unterseite grauweiß, Scheitelstreif gelb (beim Männchen mit Orange), schwarz eingefasst. Weißer Flügelstreif. Jungtiere ohne gelben Scheitel. Sehr feiner Insektenfresser-Schnabel. Ruft sehr hoch, aber laut „sri", oft auch gereiht; Gesang ebenfalls sehr hoch, galoppierend auf und ab gehend und dabei lauter werdend.

VORKOMMEN In Europa weit verbreitet (im Süden auf wenige Gebirge beschränkt). In Mitteleuropa ganzjährig, im Winter Zuzügler aus Nordosten. Nadelwaldbewohner mit einer Vorliebe für Fichten. Ziehende Vögel können überall auftreten, auch mitten in Städten.

WISSENSWERTES Außerhalb der Brutzeit bilden Wintergoldhähnchen kleine Trupps, die dauernd in Bewegung und durch hohe Rufe ständig miteinander in Kontakt rastlos unterwegs sind. Die winzigen Vögel sind wenig scheu. Es kann durchaus passieren, dass sie einen still stehenden Menschen anfliegen und kurz nach Fressbarem absuchen.

GARTENTIPP
Umherstreifende Goldhähnchen sind an Winterfutterplätzen besonders an Fettfutter interessiert.

026 | **Sommergoldhähnchen**
— *Regulus ignicapillus*

MERKMALE 9–10 cm lang. Ähnlich Wintergoldhähnchen, aber etwas schlanker wirkend, mit kräftigem, weißem Überaugenstreif, schwarzem Augenstreif und grüngelben Halsseiten. Der Scheitelstreif ist bei Männchen orange, bei Weibchen gelb. Rufe ähnlich, aber Gesang dadurch deutlich unterschieden, dass die lauter werdende Tonfolge auf gleicher Höhe bleibt „si-si-si … sirr".
VORKOMMEN Auf Europa beschränkter (im Norden fehlender) Zugvogel, der Mittel- und Osteuropa verlässt, aber bereits im Westen und Süden des Kontinents überwintert. Auch Sommergoldhähnchen sind Nadelwaldvögel.
WISSENSWERTES Die beiden Goldhähnchenarten sind ökologisch so verschieden, dass sie im gleichen Lebensraum vorkommen können. Wintergoldhähnchen nehmen winzige Insekten und Spinnen; ihre Spezialität ist das Absuchen der Unterseite dicht benadelter Fichtenäste und der Zweigspitzen. Dabei klettern sie auch kopfabwärts. Beides vermeidet das Sommergoldhähnchen, das etwas größere Beutetiere bevorzugt.

Die beiden Goldhähnchenarten lassen sich leicht an ihrer Kopfzeichnung unterscheiden: Sommergoldhähnchen (rechts), Wintergoldhähnchen (unten).

027 Kleiber
— Sitta europaea

MERKMALE 12–14,5 cm lang. Halslos und kurzschwänzig, Oberseite graublau, Unterseite orangebraun, Gesicht hell mit schwarzem Augenstreif, langer, spitzer Schnabel.

GARTENTIPP
Nistkästen für Meisen mit einem 32 mm-Flugloch können auch vom Kleiber genutzt werden. Die herbstliche Reinigung wird dann schwierig, weil meist sämtliche Ritzen und Fugen so gut zugeklebt sind, dass der Kasten kaum mehr zu öffnen ist. Am Futterhaus setzt sich der Kleiber gegen andere Arten durch. Zu seinen typischen Verhaltensweisen gehören der Abtransport und das Verstecken von Futter.

Der Kleiber ist der einzige Vogel Mitteleuropas, der auch kopfunter klettert; er bewegt sich ruckartig an Stämmen und Ästen. Dabei hält er sich nur mit den Krallen seiner übergroßen Füße. Der Schwanz wird, anders als bei Spechten (S. 134 ff.) oder Baumläufern (S. 76 ff.), nicht als Stütze eingesetzt. Stimme vielfältig, am häufigsten ist ein sehr lautes, auch im Winter erschallendes „tüit tüit", vor allem im Frühjahr auch trillernde Strophen.
VORKOMMEN Kleiber entfernen sich selten weit von Bäumen. Altholzbestände werden bevorzugt, Eichen geliebt. Ihre raue Borke bietet reichlich Nahrung. Als Standvögel bleiben sie ganzjährig in ihren Revieren und legen nur selten weitere Strecken zurück.
WISSENSWERTES Kleiber sind Höhlenbrüter, die sich den Eingang zur Bruthöhle

Gleich fressen oder zunächst mal verstecken? Kleiber horten gerne Nahrung für Notzeiten.

maßschneidern. Ist er zu eng, erweitern sie ihn mit kräftigen Schnabelhieben. Ist er zu groß, verengen sie ihn mit zementhart werdendem Lehm so weit, dass größere Konkurrenten ausgesperrt werden – das trifft vor allem den Star. Diese Arbeit erledigt fast ausschließlich das Weibchen. Auf ein richtiges Nest wird verzichtet, es werden lediglich Holzstückchen und Borkenteile eingetragen. Die fünf bis neun Jungen sitzen also ein wenig härter als beispielsweise kleine Meisen. Nahrung sucht der Kleiber an den Stämmen großer Bäume, die er ganzjährig intensiv nach Insekten und Spinnen absucht. Im Winter spielen Baumsamen eine große Rolle, vor allem Bucheckern und Hainbuchenfrüchte. Je schlechter die „Ernte", desto lieber kommen Kleiber an den Futterplatz.

Hier wohnt ein Kleiber: Das Einflugloch des Nistkastens ist mit Lehm verengt, alle Ritzen sind sorgfältig zuzementiert.

028 | Gartenbaumläufer
— Certhia brachydactyla

MERKMALE 12–13,5 cm lang. Ein unauffälliger, durch seine Rindenfarbe hervorragend getarnter Vogel mit langem, dünnem und gebogenem Schnabel und Stützschwanz. Die Unterseite ist weiß, nach hinten allmählich vergrauend. Wie häufig Gartenbaumläufer sind, merkt nur, wer seine Lautäußerungen kennt: Laute „tü"-Rufe sind ganzjährig zu hören, der leise, schnelle (Strophendauer eine Sekunde) und hohe Gesang nur im Frühjahr.
VORKOMMEN Jahresvogel in lichten Laubwäldern, Parks, Alleen, Feldgehölzen, Streuobstwiesen mit locker stehenden Altbäumen, bevorzugt solche mit rauer Borke wie Eichen.
WISSENSWERTES Baumläufer sind tatsächlich fast immer an großen Bäumen unterwegs, wo sie – sich von unten nach oben arbeitend und dabei den Schwanz als Stütze verwendend – mit dem pinzettenartig feinen Schnabel Nahrung in den Ritzen der Borke suchen. Sie erbeuten überwiegend kleine Insekten, Spinnentiere, Tausendfüßer, Asseln und Schnecken, im Winter ergänzt durch einige wenige Samen und Flechtenstücke. Sind sie oben angekommen, fliegen sie gewöhnlich an die Basis eines benachbarten Stammes und setzen ihre Nahrungssuche dort fort. Sie haben kein Problem, an der Unterseite dicker Äste entlangzuhuschen. Auch abwärts geht, allerdings nicht wie beim Kleiber (S. 74) mit dem Kopf voran, sondern mit kleinen Rückwärtssprüngen. Baumläufer brüten „zwischen Baum und Borke": Sie bauen ihr Nest in senkrechten Spalten hinter abstehenden Rindenteilen, seltener auch an Gebäuden hinter Verschalungen oder Fensterläden.

Sonnenbadend zeigt der Gartenbaumläufer einen deutlichen Flügelstreif, der auch beim fliegenden Vogel auffällt.

Gartenbaumläufer übernachten gerne gesellig. Im Winter drängen sich bis zu 20 Vögel auf engstem Raum.

GARTENTIPP
Spezielle Nistkästen, die kein vorne liegendes Flugloch, sondern einen seitlich zum Stamm hin orientierten Eingangsschlitz haben, werden gerne genutzt. In kleinen Hausgärten lohnt ein Versuch mit einem solchen Baumläuferkasten nicht, wohl aber in Obstgärten oder Streuobstwiesen. Am Futterhaus sind Fettfuttermischungen attraktiv, die etwas abseits des Futterstellen-Trubels an Baumstämmen befestigt sind.

029 | Waldbaumläufer
— Certhia familiaris

MERKMALE 12,5–14,0 cm lang. Vom Gartenbaumläufer (S. 76) durch einen etwas kürzeren Schnabel, eine reinweiße Unterseite, eine längere Hinterzehenkralle und einige subtile Federmerkmale unterschieden – alles in freier Wildbahn meist sehr schlecht zu sehen. Entlarvend ist aber der Gesang, der aus sehr hohen, klaren, mit „zi-zi ziseri zisirirr" umschriebenen, etwa drei Sekunden dauernden Strophen besteht.

Wie Spechte stützen sich auch Baumläufer mit dem Schwanz ab, dessen Federn besonders steif sind.

VORKOMMEN Jahresvogel vor allem in Berg- und Mischwäldern. Die wichtigste Baumart ist die Fichte. Außerhalb größerer, geschlossener Wälder sieht man den Waldbaumläufer nur selten. Die locker mit Laubbäumen bestandenen Parks oder Gärten sind das Reich des Gartenbaumläufers.

WISSENSWERTES Die Lebensweise der beiden Baumläuferarten ähnelt sich weitgehend. Zum Schlafen schlägt der Waldbaumläufer an senkrechten Baumstämmen oder Ästen kleine Mulden in weiche Rinde oder morsches Holz. Dort kuschelt er sich mit aufgeplustertem Gefieder als kleiner Federball hinein. Gartenbaumläufer übernachten dagegen lieber gesellig und dicht aneinandergeschmiegt.

In „Seidenschwanzjahren" erscheinen bei uns große Trupps.

030 Seidenschwanz
— *Bombycilla garrulus*

MERKMALE 18–21 cm lang. Starengroß und im dichten Trupp fliegend, durchaus mit diesem zu verwechseln. Aus der Nähe durch die Federhaube ebenso unverkennbar wie durch die gelbe Schwanz-Endbinde und das bunte Flügelmuster. Aufmerksam wird man auf Seidenschwänze oft durch ihre Rufe, ein hoch trillerndes „sirrr".
VORKOMMEN Brutvogel des nördlichen Nadelwaldgürtels (Taiga). Invasionsvogel, der im Winter unregelmäßig und in stark wechselnder Anzahl bis nach Mitteleuropa zieht, dort vor allem in Streuobstwiesen, Parks und Gärten.
WISSENSWERTES Früher galt das plötzliche Erscheinen des ungewöhnlichen Vogels als schlechtes Omen: „Pestvogel" wurde der Seidenschwanz im Mittelalter genannt. Das mysteriöse Erscheinen hat aber handfeste natürliche Gründe. Es hängt ganz wesentlich vom Fruchtansatz der Eberesche und des Schneeballs ab, von denen sich die im Sommer Insekten fressenden Vögel im Winter hauptsächlich ernähren. Folgt in der Heimat einigen guten Jahren eine Missernte, bleibt nur die Flucht nach Südwesten.

So unterschiedlich Star (S. 82) und Seidenschwanz aussehen: der schwirrende, geradlinige Flug, die dreieckigen Flügel und die „eng gepackten" Trupps kennzeichnen beide Arten.

031

Zaunkönig
— Troglodytes troglodytes

MERKMALE 9–10,5 cm lang. Winzig, braun, mit feiner, dunkler Bänderung und hellem Überaugenstreif, kurzhalsig mit schlankem, spitzem Schnabel, zuckt oft mit dem kurzen, keck aufgestellten Schwanz. Reviergesang eine erstaunlich laute Folge von Trillern, auch im Winter zu hören. Bei Beunruhigung rufen Zaunkönige laut und hart „tek tek" oder lassen ein ratterndes „zerrrr" hören.

VORKOMMEN Ob Wälder, Parks oder Gärten: Wo es dichtes, bodenfeuchtes Unterholz gibt, sind auch Zaunkönige. Sie sind über nahezu ganz Europa verbreitet und in Mitteleuropa Teilzieher oder Standvögel.

WISSENSWERTES Zaunkönige präsentieren sich selten offen. Meist huschen sie, jede Deckung nutzend, mäuseartig durchs Unterholz. Die nach den Goldhähnchen (S. 72 f.) kleinsten Vögel Europas bauen überwiegend aus Moos bestehende, kunstvolle, dickwandige Kugelnester, die einen seitlichen Einschlupf haben. Meist liegen diese in dichtem Wurzelwerk in Bodennähe, oft im Wurzelteller umgestürzter Bäume. Gelegentlich findet man auch unkonventionelle Brutplätze, zum

GARTENTIPP
Obwohl die Teilzieher in kalten Wintern empfindliche Bestandseinbußen erleiden können, kommen sie selten zum Futterplatz, weil sie ihre Deckung nur sehr ungern verlassen. Sich selbst überlassene, „unordentliche" Holzstapel in feuchtem Unterholz bieten Brutraum.

Zum Nestbau nutzt der Zaunkönig gelegentlich auch dichte Fassadenbegrünungen, hier mitten im Efeu.

Beispiel in Geräteschuppen. Aber nicht jedes Nest wird auch benutzt: Balzende Männchen bieten den Weibchen vor der Brut Alternativstandorte an. Bis zu zehn solcher „Spielnester" – besser Wahlnester – können nötig sein, um wählerische Weibchen zu überzeugen. Diese bleiben dann beim Brüten weitestgehend allein. In guten (nahrungsreichen) Zaunkönigrevieren ist es gar nicht so selten, dass das Männchen währenddessen eine weitere Familie gründet. Zaunkönige sind auch zum Nahrungserwerb hauptsächlich am Boden unterwegs. Insekten stellen die Hauptbeute, daneben werden Spinnen, Asseln und Schnecken gefressen. In harten Wintern wird Nahrung knapp. Die Bestände des Zaunkönigs können dann drastisch einbrechen, erholen sich aber bei zwei Jahresbruten schnell wieder.

So frei sitzen Zaunkönige nur selten. Selbst wenn sie mit lautem Gesang ihre Reviergrenzen markieren, tun sie das lieber aus dichtem Unterholz.

032 | Star
— Sturnus vulgaris

MERKMALE 19–22 cm lang. Zur Brutzeit schillernd schwarz mit gelbem Schnabel, außerhalb der Brutzeit weiß gefleckt („Perlstar") mit dunklem Schnabel, Jungvogel fast einfarbig hellbraun, später gescheckt. Anders als die etwa gleich große und ebenfalls dunkel gefärbte Amsel (S. 86) hüpfen Stare bei der Nahrungssuche auf dem Boden nicht beidbeinig, sondern setzen, geschäftig schreitend oder hektisch laufend, Fuß vor Fuß. Ihr Flug ist geradlinig und schnell mit durch dreieckige Flügel, kombiniert mit kurzem Schwanz, sehr typischer Silhouette. Stare sind selten still. Als berühmte Stimmimitatoren können sie neben vielen anderen Vogelarten auch Frosch und Rasenmäher nachmachen. Sie verraten sich aber immer durch das ständig eingeflochtene, starentypische, nasale „spreeen".

Der klassische Starenkasten hat eine Sitzstange, im Frühjahr eine beliebte Singwarte für die balzenden Vögel.

Frisch ausgeflogene Jungstare sind für kurze Zeit hellbraun, bald darauf aber schon scheckig und im Herbst von Altvögeln nicht mehr zu unterscheiden.

VORKOMMEN Kulturfolger, häufig in Streuobstwiesen, Parks und Gärten. Bereits während der Brutzeit gesellig, später in großen Trupps unterwegs, oft kopfstarke Schlafgemeinschaften mitten in Großstädten. In Mitteleuropa in milden Wintern in großer Zahl überwinternder Teilzieher.

WISSENSWERTES Die klassischen Starenkästen waren die ersten Nistkästen. Dabei ging es allerdings nicht um Vogelschutz, sondern um Fleisch im Topf. Erleichtert wurde der „Starenanbau" durch die soziale Ader des Höhlenbrüters, der kein großes Nestrevier beansprucht. Natürliche Brutkolonien finden sich zum Beispiel in alten, höhlenreichen Bäumen; bereits im Spätwinter sitzen singende Männchen mit gesträubtem Gefieder und mit den Flügeln schlagend vor den Bruthöhlen, um Weibchen anzulocken. Die Brut beginnt Mitte April, Ende Mai fliegen die ersten Jungvögel aus.

GARTENTIPP

Stare sind nicht wählerisch: Neben Insekten und deren Larven, die sie vor allem am und im Boden suchen, fressen sie gerne Früchte. Überwinterer besuchen auch Futterhäuser. Zwar sehen Obstbauern und Winzer Starenschwärme lieber von hinten, aber die langfristig zurückgehenden Bestände zeigen: Auch der Star braucht Hilfe. Starenkästen müssen natürlich größer sein als die üblichen Meisenkästen und sollten ein 45 mm-Flugloch haben.

033 | **Misteldrossel**
— *Turdus viscivorus*

MERKMALE 26–29 cm lang. Größte heimische Drossel, oberseits hellbraun, unterseits weiß mit großen, braunen Tropfenflecken. Fliegende Vögel sind an den weißen Unterflügeln und den weißen Schwanzecken gut bestimmbar. Amselähnlich flötender, leicht wehmütig klingender Gesang und sehr typischer, schnarrender Ruf „tzrrrr“.
VORKOMMEN In ganz Europa in Hochwäldern aller Art (Laub-, Misch-, aber auch reine Nadelwälder) weit verbreitet, zunehmend auch auf hohen Bäumen in Parks und großen Gärten brütend. In Mitteleuropa in steigender Zahl überwinternder Teilzieher.
WISSENSWERTES Zur Nahrungssuche sind Misteldrosseln gerne auf dem Boden und suchen kurzgrasige Stellen nach Würmern ab. Auch Schnecken und Insekten(larven) werden gefressen. Die namengebende Mistel spielt ebenfalls eine große Rolle. Ihre weißen Beeren werden gefressen, die klebrigen Samen unverdaut ausgeschieden – Misteldrosseln sind damit wichtige Verbreiter dieser auf verschiedenen Bäumen wachsenden Halbparasiten.

An den weißen Unterflügeln lassen sich fliegende Misteldrosseln leicht von den ebenfalls gefleckten Singdrosseln (S. 90) unterscheiden.

034

Ringdrossel
— Turdus torquatus

MERKMALE 24–27 cm lang. Ähnelt einer Amsel mit weißem Halsschild und hellen Säumen an den Schwungfedern. Nicht allzu selten auftretenden Teil-Weißlingen bei Amseln fehlt dieses helle Flügelfeld. Gesang amselähnlich, aber mit gereihten Motiven. Charakteristischer Ruf hart „tack tack".
VORKOMMEN Die Ringdrossel bildet zwei Rassen. Eine bewohnt Bergwälder in den höheren Mittelgebirgen, den Alpen und den Gebirgen Südeuropas. Sie unterscheidet sich von der zweiten, die im hohen Norden (Skandinavien, Schottland) brütet, durch eine stärker geschuppte Unterseite. Beide überwintern in den Gebirgen des nördlichen Afrikas.
WISSENSWERTES Während die meisten Kleinvögel auf breiter Front wandern, ziehen die skandinavischen Ringdrosseln im Herbst enger gebündelt nach Südsüdwest bis Süd, was zur Folge hat, dass man im Westen Mitteleuropas viel regelmäßiger Ringdrosseln beobachten kann als weiter östlich. Frühjahrs- und Herbstzug laufen auf verschiedenen Routen. Obwohl im Herbst nach erfolgreicher Brut mehr Vögel unterwegs sein müssen, sieht man deshalb bei uns im Frühjahr mehr Ringdrosseln.

Die Bauchfedern mitteleuropäischer Brutvögel sind weiß gesäumt, die Vögel wirken geschuppt.

035

Amsel
— *Turdus merula*

MERKMALE 23,5–29 cm lang. Männchen schwarz mit gelbem bis orangegelbem Schnabel und Augenring, Weibchen und Jungvögel dunkelbraun mit dunklem bis blassgelbem Schnabel. Amseln bewegen sich – anders als Stare (S. 82) – hüpfend. Der laut melodisch flötende Gesang prägt die Morgendämmerung ab dem Spätwinter. Unter den vielen Rufen sind neben dem manchmal enervierend lang durchgehaltenen, lauten „Tixen" besonders das vor Bodenfeinden wie Katzen warnende, unterdrückte „djück" und ein hohes, scharfes gedehntes „siiihhh" auffällig, das Gefahr aus der Luft anzeigt (Greifvögel).
VORKOMMEN Kaum vorstellbar, dass die Amsel – heute *der* Gartenvogel schlechthin – früher ein reiner Waldvogel war! Inzwischen brüten Amseln selbst in kleinen Gärten und mitten in Großstädten. Nach wie vor aber trifft man die Art auch noch in den Wäldern an, wo sie gewöhnlich allerdings ziemlich scheu ist.
WISSENSWERTES Nur wenige Vögel sind so flexibel in der Nistplatzwahl: „klassisch" in Bäumen und Gebüschen, in Hausbegrünungen oder „modern" auf Holzstapeln, Balken und Balkonen. Viel Mühe, ihr Nest zu verstecken, geben sich die Amseln meist nicht. Auch wenn Stadtamseln bis zu viermal im Jahr brüten, wird jedes Nest nur einmal benutzt. Der umfangreiche Bau besteht aus Halmen, wird innen mit einer Erdschicht ausgekleidet und anschließend nochmals gepolstert. Vier bis sieben Eier werden in etwa 14 Tagen vom Weibchen ausgebrütet. Zwei Wochen später sind die Jungen bereits

Wenigen Vögeln kann man so offen ins Nest gucken wie den Amseln. Selbst auf häufig benutzten Balkonen zeigen sie wenig Scheu.

ausgeflogen, nach weiteren zwei bis drei Wochen selbstständig.

Amseln – hier ein Weibchen – fressen vor allem im Herbst und Winter viele verschiedene Beeren und Früchte.

GARTENTIPP

Amseln lassen sich leicht bei der Nahrungssuche beobachten: Regenwürmern stellen sie selbst auf sterilen Rasenflächen nach. Ab dem Sommer gewinnen Früchte zunehmend an Bedeutung. Mit geviertelten Äpfeln kann man den Amseln – sie sind in Mitteleuropa weitgehend Standvögel – im Winter eine große Freude machen. Darüber hinaus erweisen sie sich am Futterplatz als Allesfresser: Fettfutter, Haferflocken, Nussstückchen, Sonnenblumensamen, Maiskörner …

036 | Wacholderdrossel
— *Turdus pilaris*

MERKMALE 22–27 cm lang. Kräftige, im frischen Gefieder fast bunt wirkende Drossel mit grauem Kopf, braunem „Mantel", grauem Bürzel, langem, schwarzem Schwanz und auffallend gefleckter Unterseite. Fliegende Vögel zeigen weiße Unterflügeldecken. Andere Drosselarten singen schön – die Wacholderdrossel fällt dagegen eher durch die lauten Warnrufe „schak-schak-schak" auf.

VORKOMMEN Im Lauf von etwa 200 Jahren hat die Wacholderdrossel ihr Brutgebiet, dessen Westgrenze damals noch in Pommern und Schlesien lag, über ganz Mitteleuropa bis nach Frankreich hinein ausgedehnt; selbst auf Island und Grönland hat die Art versucht, Fuß zu fassen! Als Zugvogel und Wintergast war die Wacholderdrossel allerdings unter dem Namen „Krammetsvogel" bereits vor dieser Expansionsphase ein gern gesehener, weil wohlschmeckender Gast. Heute ist die Art ein häufiger Charaktervogel offener Kulturlandschaften mit höheren Bäumen und besiedelt Alleen, Streuobstwiesen, Parks und Friedhöfe sowie ausgedehnte Gärten.

Grauer Bürzel, schwarzer Schwanz und weiße Unterflügel: Wacholderdrosseln sind auch im Flug leicht zu erkennen.

Immer gesellig – vor allem im Winter fallen die großen Trupps der bunten Drosseln auf.

WISSENSWERTES Wacholderdrosseln bauen ihre mit Lehm ausgekleideten und mit Grashalmen gepolsterten Nester in Astgabeln mehr oder weniger frei stehender, größerer Bäume. Sie nisten gerne in lockeren Kolonien; der Abstand der Nester beträgt meist nur wenige Meter. Das zahlt sich bei der Abwehr von Feinden aus: Sich nähernde Krähen und Greifvögel werden vom Kollektiv laut schimpfend angegriffen, verfolgt und gezielt mit Kot bespritzt. Dieses Bombardement hat sogar schon Todesfälle bei geschwächten Bussarden hervorgerufen, die ihr Gefieder nicht mehr reinigen konnten. Wie andere Drosseln sind auch diese im Frühjahr hauptsächlich am Boden unterwegs und dort auf der Jagd nach Regenwürmern, daneben auch nach Insekten. Ab Sommer gewinnen Früchte an Bedeutung, vor allem die von Rosengewächsen wie Eberesche, Mehlbeere, Weißdorn und Hagebutten. Die mitteleuropäischen Brutvögel überwintern in West- und Südeuropa. Gleichzeitig erscheinen aber große Schwärme aus dem Osten. Gemeinsam mit anderen Drosselarten suchen diese gerne in Streuobstwiesen am Boden liegen gebliebenes Obst.

GARTENTIPP
Lassen wir Hagebutten und andere Früchte bis zum Frühjahr stehen, schätzt das die Wacholderdrossel ebenso wie eine Bodenfütterung mit Apfelschnitzen.

037

Singdrossel

— Turdus philomelos

MERKMALE 20–22 cm lang. Kleine Drossel mit einfarbig brauner Oberseite, einer hellen, schwarz gefleckten Unterseite sowie zimtbraunen Unterflügeldecken. Der sehr laute Gesang besteht aus kurzen, melodischen Motiven, die jeweils mehrmals wiederholt werden, daneben ein kurzer „zipp"-Ruf, der auch nachts von ziehenden Drosseln zu hören ist.

Im Unterschied zur ähnlich gefärbten Misteldrossel (S. 84) hat die Singdrossel braune Unterflügeldecken.

VORKOMMEN Die in fast ganz Europa brütende Drossel überwintert im Süden des Kontinents und in Nordafrika, verlässt Mitteleuropa aber nur von November bis Februar. Bevorzugte Lebensräume sind Wälder; eher selten auch in Feldgehölzen, Parks oder Gärten brütend.

WISSENSWERTES Zum Nisten bevorzugen Singdrosseln Nadelbäume. Außen locker aus kleinen Zweigen und Gräsern oder Moos zusammengefügt, wird das Nest innen von einer glatten Schicht aus mit Holzmulm vermengtem Lehm ausgekleidet. Der wenig spezialisierte Wurm-, Insekten- und Beerenfresser hat eine Vorliebe für kleine Gehäuseschnecken, die auf hartem Untergrund zertrümmert werden („Drosselschmieden").

038

Rotdrossel
— Turdus iliacus

MERKMALE 19–23 cm lang. Kleine Drossel mit auffällig gezeichnetem Gesicht, brauner Oberseite, heller Unterseite mit verwaschener Fleckung und rostroten Flanken. Den Gesang hört man in Mitteleuropa selten, der hohe, gedehnte Flugruf „tziih" ist hier die auffälligste Lautäußerung der Rotdrossel.
VORKOMMEN Die Nadelwälder des Nordens (Taiga) sind die Heimat der Rotdrossel; in Mitteleuropa haben Bruten bisher nur vereinzelt stattgefunden. Dagegen gehört die hübsche, kleine Drosselart von Oktober bis April zu den häufigen Durchzüglern und Überwinterern und kann einzeln oder in nahrungsreichen Gebieten auch in großen Schwärmen mit Hunderten von Vögeln beobachtet werden.
WISSENSWERTES Zur Wurmjagd hauptsächlich auf dem Boden unterwegs. In ihrem mitteleuropäischen Durchzugs- und Winterquartier vor allem auf Früchte angewiesen. Weißdorn, Holunder, Sanddorn, Hartriegel, Eberesche und andere Wildpflanzen werden genutzt. In Streuobstwiesen sieht man Rotdrosseln oft zusammen mit Wacholderdrosseln an Fallobst. An Futterplätze kommen sie eher selten.

Das Rot der Flanken setzt sich unter den Flügeln fort. Die ähnliche Singdrossel hat zimtbraune Unterflügel.

039 | Grauschnäpper
— *Muscicapa striata*

MERKMALE 13,5–15 cm lang. Grau mit hellerer Unterseite, auffällig gestricheltem Scheitel und Brust, spitzem, aber an der Basis sehr breitem Schnabel und aufrechter Haltung. Jungvögel oberseits hell gefleckt. Der kurze und durchdringende Ruf „zit" kann, mit einigen ähnlich einfachen Lauten kombiniert, zum Gesang ausgebaut werden.
VORKOMMEN Genügend größere Fluginsekten und viele Ansitzwarten zur Jagd – diese beiden Voraussetzungen sind in lichten Wäldern und Parks mit alten Bäumen ebenso gegeben wie in vielen Hausgärten. Der in Afrika südlich der Sahara überwinternde und in ganz Europa bis in den hohen Norden verbreitete Weitstreckenzieher erscheint bei uns gegen Mitte April und brütet bevorzugt in Siedlungen.

Jungvögel lassen sich an der gefleckten Oberseite erkennen.

Es muss kein Nistkasten sein: Grauschnäpper nutzen auch unkonventionelle Nischen zur Brut.

WISSENSWERTES Obwohl farblich und „musikalisch" nicht besonders hervorstechend, ist der Grauschnäpper ein auffälliger Gast im Garten: Fast ständig aufgeregt mit Schwanz und Flügeln zuckend, startet er seine Jagd auf vorbeifliegende Insekten – bevorzugt Fliegenarten – von exponierten Warten, auf die er meist sofort wieder zurückkehrt. Das können Zaunpfähle ebenso sein wie Wäscheleinen oder frei in die Luft ragende Äste mit umfassendem Ausblick. Gezielt setzt der Grauschnäpper seiner Beute nach, manchmal im Senkrechtflug aufsteigend oder rüttelnd in der Luft stehend. Oft ist ein deutliches Schnabelknappen zu hören, wenn er „zuschlägt". Auch wehrhafte Insekten wie Bienen und Wespen werden erbeutet; ihren übel schmeckenden Giftapparat entfernt der Schnäpper, indem er sie heftig gegen eine harte Unterlage schlägt. Dabei schaut der Grauschnäpper sehr genau hin: Die ungiftigen Drohnen (männliche Bienen) unterzieht er dieser aufwendigen Behandlung nämlich nicht. Und auch auf die für uns Menschen oft täuschend wespenähnlich aussehenden Schwebfliegen fällt er nicht herein.

GARTENTIPP
Das etwas schlampig wirkende Nest wird in Nischen von Bäumen oder Gebäuden, nicht selten auch in Kletterpflanzen an Hauswänden gebaut. Mit Halbhöhlen-Nistkästen und Hausbegrünung können wir ebenso helfen wie mit Sitzwarten.

040 | Trauerschnäpper
— Ficedula hypoleuca

MERKMALE 12–13,5 cm lang. Männchen im Prachtkleid auffällig schwarz-weiß (nordeuropäische Vögel, die in Mitteleuropa durchziehen) oder eher braunschwarz-weißlich (hiesige Brutvögel) mit weißem, unterschiedlich großem Stirnfleck. Im Herbst wie Weibchen und Jungvögel viel weniger kontrastreich. In allen Kleidern durch hellen Flügelspiegel und schmal-weiße Schwanzkanten ebenso gekennzeichnet wie durch häufiges Schwanz- und Flügelzucken. Der Gesang ist fast nur im Mai zu hören. Einem leiseren Beginn folgt eine Serie lauter Töne mit sehr unterschiedlicher Tonhöhe „tsi writ-tsu writ-su …".
VORKOMMEN Sommervogel mit weiter Verbreitung in Europa. Während er im hohen Norden Nadelwälder (Taiga) besiedelt, zieht er in Mitteleuropa lichte Misch- und Laubwälder vor und kommt auch in Parks und größeren Gärten vor. Wichtig ist vor allem ein genügend großes Angebot an Bruthöhlen.
WISSENSWERTES Wie der Grauschnäpper (S. 92) ist auch sein etwas zierlicherer Verwandter ein von Warten aus zur Luftjagd startender Insektenjäger, allerdings ohne dessen Gewohnheit, zur selben Warte zurückzukehren. Die schnellen Fliegen, denen der Grauschnäpper erfolgreich nachstellt, interessieren den Trauerschnäpper weniger. Dagegen nutzt er die Sitzwarten gern, um den Boden im Blick zu behalten. Herrscht wenig Flugbetrieb, liest er Insekten oft im Rüttelflug von Blättern, Zweigen und Stämmen ab. Wie bei vielen Weitstreckenziehern findet meist nur eine Jahresbrut statt. Das Weibchen bebrütet die sechs bis sieben Eier 15 Tage lang.

Weibchen und Jungvögel sind weniger kontrastreich gefärbt.

Vor die Wahl gestellt, ziehen Trauerschnäpper lieber in Nistkästen als in Naturhöhlen.

GARTENTIPP

Durch Nistkästen gelang es vielerorts, den Bestand enorm zu steigern. Es wird geschätzt, dass inzwischen 95 % der Trauerschnäpper Mitteleuropas in künstlichen Nisthöhlen brüten, was auch daran liegt, dass diese den Naturhöhlen vorgezogen werden. Allerdings finden die Spätankömmlinge – sie kommen erst Ende April aus Afrika – die begehrten Höhlen oft bereits besetzt vor. Dann schreiten sie manchmal zu radikalen Maßnahmen und überbauen das Nest des Vorbesitzers einfach. Im Garten sollten wir also grundsätzlich ein Überangebot an Bruthöhlen schaffen.

041 | Halsbandschnäpper
— *Ficedula albicollis*

MERKMALE 12–13,5 cm lang. Männchen im Prachtkleid lassen sich vom sehr ähnlichen Trauerschnäpper (S. 94) leicht durch den weißen Halsring unterscheiden, Weibchen und Jungvögel sind schwieriger zu erkennen. Völlig anders sind der Gesang, der im Vergleich mit den volltönenden Strophen des Trauerschnäppers hoch und dünn klingt, und der typische Ruf, ein hohes, dünn pfeifendes „sieb".

VORKOMMEN Sommervogel mit südosteuropäischer Verbreitung. In Mitteleuropa vor allem in wärmebegünstigten Gebieten Süddeutschlands und weiter östlich in Laubwäldern, Parks, Streuobstwiesen und angrenzenden Gärten anzutreffen. Dort geben die in Afrika überwinternden Weitstreckenzieher ein Gastspiel von Ende April bis zum Ausfliegen der Jungen Ende Juni/Anfang Juli.

WISSENSWERTES Gelegentlich können sich Halsband- und Trauerschnäpper selbst nicht auseinanderhalten: Immer wieder kommt es zu Mischbruten zwischen beiden Arten, die sogar zu fruchtbarem Nachwuchs führen.

042 Nachtigall

— Luscinia megarhynchos

MERKMALE 15–16,5 cm lang. Das Aussehen hält nicht, was die Stimme verspricht: Die Nachtigall ist nahezu einfarbig braun, am Kopf mit grauem Anflug. Lediglich der auffällig rotbraune Schwanz setzt einen Akzent. Berühmt ist die Nachtigall für ihren Gesang, und hier besonders für das „Schluchzen", eine in die Strophen eingebaute Phrase mit durchdringend reinen, lauter werdenden Tönen „dü düh düüh".

VORKOMMEN Im südlichen und mittleren Europa in feuchten Laubwäldern, aber auch Parks und großen Gärten in Wassernähe weit verbreitet. Besonders hohe Dichten werden in Auwäldern erreicht. Im April aus Afrika zurückkehrende Nachtigallen singen bereits auf dem Zug und nicht erst im Brutrevier.

WISSENSWERTES Nachtigallen kommen selten aus der Deckung; auch singend bleiben sie meist im dichten Gebüsch. Der Gesang, der übrigens auch tagsüber ertönt, dann aber im allgemeinen Vogelkonzert weit weniger auffällt als in der Stille der Nacht, erklingt meist auf Augenhöhe: Nachtigallen bevorzugen auch in Wäldern das Unterholz.

Bei schlechtem Licht fällt der rostrote Schwanz oft kaum auf; die Vögel wirken einfarbig braun.

043

Rotkehlchen
— Erithacus rubecula

MERKMALE 12,5–14 cm lang. Rundlich mit groß wirkenden Augen und feinem Insektenfresser-Schnabel, einfarbig braun mit heller Unterseite und orangeroter Färbung, die Gesicht, Kehle und Brust umfasst. Männchen und Weibchen lassen sich am Gefieder nicht unterscheiden. Der Gesang besteht aus leicht wehmütig klingenden Strophen, die mit hohen, gepressten Tönen beginnen und laut und melodisch perlend enden. Ruf hart „tick tick".
VORKOMMEN Rotkehlchen brüten in den verschiedensten Wald-Lebensräumen vom Flachland bis an die obere Waldgrenze. Außerhalb der Brutzeit auch in offeneren Lebensräumen, besonders gerne in Parks und Gärten. Rotkehlchen sind Teilzieher. Nord- und Osteuropa wird über Winter verlassen, im Westen und Süden wird überwintert.

WISSENSWERTES Die rote Brust lässt Rotkehlchen rot sehen: Sie löst aggressives Verhalten aus. Die niedlichen Sänger gehen handfesten Auseinandersetzungen nicht aus dem Weg und prügeln sich im Streit um Reviere bisweilen so heftig, dass selbst Tote zu beklagen sind. Ihr Nest bauen Rotkehlchen gut versteckt am Boden, unter Wurzeln, in Kletterpflanzen oder Mauerlöchern, aber auch in bodennah angebrachten Halbhöhlenkästen. Zur Brutzeit ernähren sie sich fast ausschließlich von Insekten und Spinnentieren, die am Boden hüpfend erbeutet werden. Typisch ist dabei eine knicksende Bewegung, die mit Schwanz- und Flügelzucken einhergeht. Im Spätsommer gewinnen Beeren wie Liguster, Hartriegel, Holunder, Pfaffenhütchen oder Efeu an Bedeutung.

Rotkehlchen beginnen Ende April/Anfang Mai mit der ersten von meist zwei Bruten und ziehen jeweils fünf bis sieben Junge auf.

An Futterstellen sind Rotkehlchen eher schüchtern und meiden den Trubel, den Grünfinken und Spatzen veranstalten.

GARTENTIPP

In kleineren Gärten muss man zur Brutzeit auf Rotkehlchen meist verzichten. Dann bevorzugen sie unterholzreiche, feuchte Wälder. Im Winter sind sie dagegen da, bilden sogar Reviere, die sie gegen Artgenossen verteidigen – das ist der Grund, warum Rotkehlchen auch im Winter singen und mit ihrem Gesang in Morgen- und Abenddämmerung (verfrühte) Frühlingsgefühle hervorrufen. Am Futterhaus schätzt das Rotkehlchen Weich- und Fettfutter, nimmt aber auch kleine Sämereien.

044 Hausrotschwanz
— *Phoenicurus ochruros*

MERKMALE 13–14,5 cm lang. Schlank, mit dünnem Insektenfresser-Schnabel, Männchen schwärzlich, meist mit weißem Flügelfeld, Weibchen und Jungvögel dunkel graubraun. Beide Geschlechter haben einen rotbraunen Schwanz, der nicht nur durch die Farbe, sondern auch das typische Schwanzzittern auffällt, oft kombiniert mit einer Knicksbewegung. Singt mit gepresst und kratzig klingenden Strophen bereits in der Morgendämmerung von Hausdächern und Antennen. Auffälligster Ruf ist ein tonloses „fid tk tk".

VORKOMMEN Früher fast nur an Felsen brütend, hat der Hausrotschwanz die Welt der „Kunstfelsen" entdeckt und nistet an (und selbst in) Gebäuden: ein klassischer Kulturfolger, der heute in keiner Siedlung fehlt, seien es Großstädte oder ländliche Weiler. Diese bieten reichlich, was der Rotschwanz zur bevorzugten Nahrungssuche am Boden braucht: ausgedehnte Flächen mit niedriger oder lückenhafter Vegetation. Nach wie vor aber gehört er zu den typischen Hochgebirgsbewohnern, der in den Alpen selbst noch in 3000 m Höhe brüten kann. Hausrotschwänze sind Kurzstreckenzieher. In Mitteleuropa kann man von März bis Oktober/November mit

GARTENTIPP
Wo geeignete Nischen fehlen, brüten Hausrotschwänze gerne in Halbhöhlen-Nistkästen, die, vor Schlagregen geschützt, in nicht allzu großer Höhe an der Hauswand aufgehängt werden.

Nisthilfen erlauben den Hausrotschwänzen, auch an glatten Wänden erfolgreich zu brüten.

ihnen rechnen. Einzelne Vögel können auch überwintern, vor allem in Süddeutschland.
WISSENSWERTES Die Insekten- und Spinnenjäger sitzen gerne auf erhöhten Warten, die einerseits Überblick für die Jagd am Boden verschaffen, andererseits als Startplatz für die Luftjagd nach Fliegenschnäpperart dienen. Im Rüttelflug flatternd werden Insekten von Wänden und Pflanzen abgelesen. Im Sommer und Herbst gewinnen auch Beeren (zum Beispiel Holunder) an Bedeutung. Balkenvorsprünge und Mauernischen tragen das locker aus Moos und Halmen allein vom Weibchen gebaute Nest. In tieferen Lagen brüten Hausrotschwänze zweimal im Jahr auf jeweils vier bis sechs Eiern.

Der rostrote Schwanz ist auch bei fliegenden Vögeln ein gutes Bestimmungsmerkmal.

045 Gartenrotschwanz
— Phoenicurus phoenicurus

MERKMALE 13–14,5 cm lang. Die aufrechte Gestalt, das häufige Knicksen und Schwanzzittern und der rote Schwanz verraten die enge Verwandtschaft zum Hausrotschwanz (S. 100). Die Weibchen beider Arten sehen sehr ähnlich aus. Dagegen sind die Männchen mit ihrem grauen Rücken, dem roten Bauch und der Kombination von schwarzem Gesicht und weißer Stirn kaum zu verwechseln. Der melodische Gesang klingt etwas wehmütig; die Strophen beginnen fast immer mit einem hohen, gezogenen „hüit", dem sofort einige klare Töne „ji-gjü gjü gjü" folgen. Ruf „füid" oder „füid tek tek".

VORKOMMEN In ganz Europa in lichten Wäldern mit Altholzbestand, in Streuobstwiesen, Parks, Friedhöfen und großen Gärten verbreitet. Männchen singen gerne in den frühen Morgenstunden von Baumgipfeln, ansonsten lebt die Art eher versteckt. In Europa gehen die Bestände des Gartenrotschwanzes seit Jahrzehnten zurück. Vermutlich sind hierfür Lebensraumverluste im Brutgebiet ebenso

Durch ihre hellbraune Färbung unterscheiden sich Gartenrotschwanz-Weibchen von den wesentlich dunkleren des Hausrotschwanzes.

wie Umweltveränderungen im afrikanischen Winterquartier südlich der Sahara (Sahelzone) verantwortlich.

WISSENSWERTES Gartenrotschwänze leben von Insekten und Spinnentieren, die überwiegend am Boden und in der Krautschicht erbeutet werden, bei großem Angebot auch bis in die Baumkronen. Jungvögel erhalten viele Schmetterlingsraupen. Eine beliebte Strategie ist die Jagd von niedrigen Aussichtswarten an Gebüschrändern, auf die der Rotschwanz nach erfolgreichem Beutezug gerne wieder zurückkehrt. Auf diese Weise hat er ein Gebiet von etwa 10–12 m Durchmesser im Blick. Im Spätsommer und Herbst – der Rotschwanz ist bis Oktober hier – ergänzen Früchte von Wildsträuchern die vorwiegend tierische Nahrung.

GARTENTIPP
Direkte Hilfe für den (Baum-)Höhlenbrüter besteht im Angebot eines Nistkastens, möglichst eines solchen mit langovalem Einflugloch. Weil die Weitstreckenzieher erst im April im Brutgebiet eintreffen, wenn andere Höhlenbrüter bereits auf den Eiern sitzen, sollte das Nistkastenangebot so groß sein, dass auch solche Spätankömmlinge eine Chance auf Wohnungserwerb haben. Der April ist der Balz gewidmet, der Mai der Brut; viele Gartenrotschwänze brüten zweimal im Jahr.

046 | Heckenbraunelle
— Prunella modularis

MERKMALE 13–14,5 cm lang. Aus einiger Entfernung einfarbig düster wirkend, aus der Nähe fallen die braune Streifung, der graue Kopf und der dünne Insektenfresser-Schnabel auf. Männchen und Weibchen sind sehr ähnlich gefärbt. Zur Brutzeit heimlich, allerdings gerne von höherer Warte aus singend. Gesang weitgehend auf gleicher Tonhöhe hoch und hastig zwitschernd.

VORKOMMEN Ihren Namen trägt sie nicht zufällig: Fehlt dichtes Unterholz, fehlt auch die Heckenbraunelle. Höchste Dichten erreicht sie in jungen Fichtenschonungen, im Siedlungsbereich auf heckenreichen Friedhöfen oder Parks. In den Alpen brütet sie bis über die Baumgrenze.

WISSENSWERTES Die „graue Maus" unter den Singvögeln bewegt sich unglaublich geschickt im Unterholz und sucht ihre Nahrung ausschließlich am Boden. Kleine bis winzige Insekten sowie Spinnentiere und kleine Landschnecken bilden die Sommernahrung. In den übrigen Jahreszeiten kommen Pflanzensamen dazu, zum Beispiel die

GARTENTIPP
Als in ganz Europa verbreitete Teilzieher überwintern die Heckenbraunellen vor allem in Süd- und Westeuropa. Im Spätwinter mischen sich mitteleuropäische Überwinterer und frühe Heimkehrer am Futterplatz, wo die Vögel am Boden kleine Samen, Haferflocken oder Fettfutter aufpicken.

Eine Ausnahme von der Regel, sich möglichst unsichtbar zu machen: Singende Heckenbraunellen sitzen meist ganz offen auf Gebüschen.

von Vogelmiere und Vogelknöterich. Beeren interessieren die Heckenbraunelle nicht. Ihr Nest ist erstaunlich groß. Es liegt gut versteckt in geringer Höhe im dichtesten Geäst junger (Nadel-)Bäume. Überwiegend aus Moos mit einem Unterbau aus Fichtenzweigen gebaut, wird es ausgepolstert mit feinen Fasern und Tierhaaren oder den Sporenträgern des Haarmützenmooses. Das Sozialleben der Heckenbraunelle während der Brutzeit ist überaus kompliziert. Weibchen unterhalten abgegrenzte Reviere, Männchen eher „Interessenssphären". Das mündet häufig in Dreier-Beziehungen, ob mit zusätzlichen Männchen, die sich dauerhaft an Paare anschließen und sich dadurch Paarungschancen ausrechnen, oder mit Männchen, die zwei Weibchenreviere kontrollieren.

Oberseits gestreift wie ein Spatz, aber durch grauen Kopf und feinen Schnabel leicht zu unterscheiden.

047 | Haussperling, Spatz
— Passer domesticus

MERKMALE 14–16 cm lang. Kräftig gebaut mit dickem Schnabel, oberseits braunschwarz gestreift, unterseits schmutzig grau. Männchen mit grauem Scheitel und schwarzem Kehllatz, der im Winter durch graue Federspitzen verdeckt ist und im Frühjahr durch deren Abnutzung sichtbar wird. Weibchen und Jungvögel mit braunem Kopf und deutlichem Überaugenstreif. Laut schwirrender Flug. Typische Lautäußerung ist das bekannte Schilpen.

VORKOMMEN Weltweit fast überall dort, wo Menschen siedeln. Aufgegebene Siedlungen werden meist bald auch von den Spatzen verlassen. In Innenstädten zu überleben wird allerdings zunehmend auch für Spatzen schwierig. Haussperlinge ziehen nicht; sie bleiben ganzjährig im Brutgebiet.

WISSENSWERTES Ein Spatz kommt nie allein: Haussperlinge sind soziale Tiere. Bei aller „Unverschämtheit", die den Spatzen nachgesagt wird, sind sie doch sehr vorsichtig. Das Leben in der Gruppe birgt Vorteile: Während manche fressen oder baden, haben andere ein Auge auf die Umgebung. Gefürchtet wird vor allem der Sperber (S. 170).

Die Größe des schwarzen Kehllatzes der Männchen ist individuell sehr verschieden.

Ein Spatzenweibchen bedient sich hier an einem Straßencafé selbst …

GARTENTIPP

Spatzen sind Allesfresser mit einem Faible für Getreide (Korn, Mais, Hirse, Reis), das sie auch an Futterplätzen gerne fressen. Spatzentypisch neugierig und findig schaffen sie es, selbst durch erstaunlich kleine Öffnungen hinter Verschalungen und unter Dächer zu kommen, um ihre Nester zu bauen. Zunehmend werden solche Wohnräume aber versiegelt. Nistkästen können helfen, und weil ein Spatz kein eigenes Revier beansprucht, können es gerne „Mehrfamilienhäuser" sein. Für Vogelbäder und kleine Kuhlen zum Sandbaden sind Spatzen sehr dankbar.

… während das Männchen, seine Scheu überwindend, auf die fütternde Hand geflogen kommt.

048 Feldsperling
— Passer montanus

MERKMALE 12,5–14 cm lang. Statur ähnlich Haussperling, durch ein weniger „schmuddeliges" Erscheinungsbild mit brauner Kappe und schwarzem Wangenfleck leicht unterscheidbar. Die Geschlechter sind gleich gefärbt. Schilpt ähnlich wie der Spatz, Rufe aber etwas kürzer und hölzerner klingend: „tett-ett-ett".

VORKOMMEN Europaweit verbreiteter Standvogel der offenen Kulturlandschaft mit Alleen und Hecken, Feldgehölzen und Streuobstwiesen, Waldrändern und Gehöften. Parks und Gärten werden ebenfalls besiedelt, Innenstädte aber gemieden – sein deutscher Name ist also treffend gewählt, während der wissenschaftliche (lat. montanus = gebirgig) weniger gut passt, denn oberhalb 1000 m ist Schluss.

WISSENSWERTES Auch Feldsperlinge sind gesellig und können große Brutkolonien bilden; allerdings findet man viel häufiger als beim Haussperling auch Einzelpaare, die in Baumhöhlen oder Nistkästen brüten. Ist der Nistkasten schon belegt, sind Feldsperlinge

GARTENTIPP
Nistkästen helfen dem Feldsperling, dessen Bestände in den letzten Jahrzehnten fast überall deutlich zurückgegangen sind. Droht Gefahr, flüchten die Vögel sofort in Hecken und verstecken sich dort. Fehlen solche Gebüsche im Garten, fühlen sie sich dort nicht sicher.

Vor allem in Stadtrandgebieten kommen Feldsperlinge oft in großer Zahl an Futterstellen.

Da Feldsperlinge kein großes Brutrevier gegen Artgenossen verteidigen, können sie auch eng benachbarte Nistkästen beziehen.

nicht immer zimperlich. Es kann schon mal passieren, dass Meisennester dann ausgeräumt oder einfach überbaut werden. Dafür zogen sie sich früher den Zorn mancher Vogelschützer zu, die lieber Meisen oder andere Höhlenbrüter fördern wollten. Inzwischen gehen die Bestände des Feldsperlings aber vielerorts zurück; damit ist auch er auf unseren Schutz angewiesen. Immer überwölben die Feldsperlinge die eigene Nestmulde mit Nistmaterial, sodass oft der ganze Kasten ausgefüllt ist. Nistkästen sind auch zum Übernachten im Winter wichtig; den Platz teilen sich oft mehrere Vögel, die sich gegenseitig wärmen.

Feldsperlinge fressen überwiegend Samen, wobei Wildkräuter wie Gänsefuß, Vogelknöterich oder Vogelmiere und Wildgräser eine viel größere Rolle spielen als beim Haussperling. Am Futterhaus halten sie sich an kleine Sämereien und Fettfuttermischungen. Beeren werden nur gelegentlich gefressen. Die Jungen erhalten fast ausschließlich Insekten.

Beim Feldsperling sehen Männchen und Weibchen gleich aus.

049 | Bachstelze
— Motacilla alba

MERKMALE 16,5–19 cm lang. Schlank mit dünnem Schnabel und langem Schwanz, der fast ständig in wippender Bewegung ist und auch das Flugbild der Bachstelze prägt. Färbung schwarz, weiß und grau; im Sommer mit schwarzem Scheitel, Nacken und Latz, im Winter nur mit Brustband. Bei Männchen ist der schwarze Nacken gegen den grauen Rücken scharf abgegrenzt. Schwanz schwarz mit weißen Außenkanten. Der Flug verläuft in tiefen Wellen. Diese Wellenbewegung geht häufig einher mit „im Takt" ausgestoßenen, klaren, zweisilbigen „tsi-lipp"-Rufen.
VORKOMMEN Einzelne Bachstelzen überwintern in Mitteleuropa, die meisten ziehen aber etwas weiter nach West- und Südeuropa. Bereits im Februar/März kehren sie zurück. Wasser ist keine Vorbedingung für

Auch im Winter (unten links) und als Jungvogel (unten rechts) sind Bachstelzen am dunklen Brustband leicht erkennbar.

Durch langen Schwanz und kontrastreiche Färbung unverwechselbar: die Bachstelze (links Männchen, rechts Weibchen)

das Vorkommen der Art, aber förderlich. Kommt Wasser in offener Landschaft mit Viehhaltung zusammen oder gibt es genügend vegetationsfreie oder -arme Stellen zur Nahrungssuche, wird man die Bachstelze nicht lange suchen müssen.

WISSENSWERTES Bachstelzen sind fast ständig in Bewegung, meist emsig auf dem Boden trippelnd. Sie ernähren sich ausschließlich von Insekten. Kleine Fliegen- und Mückenarten spielen eine große Rolle, von denen manche (zum Beispiel die Zuckmücken) wasserlebende Larven haben und deshalb stark gehäuft an Bächen auftreten – das macht Gewässer so attraktiv. Nischen an Gebäuden zählen heute zu den bevorzugten Brutplätzen der Bachstelze: unterm Dachfirst, auf Balkenvorsprüngen oder in Mauerlücken, in Kletterpflanzen oder alten Rauchschwalbennestern, an Brücken und Wehren – überall finden sich die unordentlich aus Halmen gebauten Nester.

Fliegende Bachstelzen lassen sich am langen Schwanz leicht bestimmen.

GARTENTIPP
Bachstelzen brüten auch in Halbhöhlen-Nistkästen, wie sie für Hausrotschwanz (S. 100) und Grauschnäpper (S. 92) aufgehängt werden.

050 Baumpieper
— *Anthus trivialis*

MERKMALE 14–16 cm lang. Eine schlanke Gestalt und eine Tarnfärbung mit hell- und dunkelbraunen Längsstreifen zeichnen die Pieper aus. In Mitteleuropa sind Baum- und Wiesenpieper häufig, andere brüten nur lokal. Darüber hinaus kommen weitere Arten als regelmäßige oder seltene Durchzügler vor. Die Artbestimmung kann außerordentlich schwierig sein. Viel leichter ist sie meist über den Gesang und charakteristische Rufe.

VORKOMMEN In Europa weit verbreiteter Sommervogel, der Mitte April aus Afrika eintrifft. Halboffenes Gelände mit einzelnen Bäumen als Singwarten schätzt der in Besorgnis erregender Weise zurückgehende Bodenbrüter besonders.

WISSENSWERTES Der Baumpieper hat einen sehr typischen Gesang, kombiniert mit einem ebenso auffälligen Verhalten. Von einem Wipfel startend fliegt er zum Singflug zunächst steil nach oben und lässt sich dann wie ein Fallschirmchen abwärts zum nächsten Baum gleiten. Dabei endet seine längere Strophe in einem charakteristischen lauten „ziah-ziah-ziah". Ebenso typisch ist das von ziehenden Vögeln häufig zu hörende raue „psrieh".

051

Kernbeißer
— *Coccothraustes coccothraustes*

MERKMALE 16,5–18 cm lang. Massiger Fink mit großem Kopf und enormem Schnabel (im Sommer blaugrau, im Winter gelbbraun), bunt gefärbt mit im Flug auffallend weißen Flügelstreifen und breiter Schwanzbinde. Oft sehr heimlich und nur durch sein lautes, prägnantes „pix!" zu entdecken.

VORKOMMEN Eichen-Hainbuchenwälder oder reife Buchenwälder sind die bevorzugten Lebensräume, darüber hinaus auch Streuobstwiesen, Parks und Friedhöfe mit alten Bäumen. Jahresvogel, der sich im Winter in Hainbuchen-Eichenwäldern zu kopfstarken Trupps vereinigen kann.

WISSENSWERTES Auch wenn man gelegentlich Kernbeißer von Waldwegen auffliegen sieht, weil sie an einer Pfütze gebadet und getrunken haben: Ihre Welt ist eher die der Baumkronen. Weit oben in Laubbäumen liegen auch in aller Regel die Nester. Der starke Schnabel erschließt Nahrungsquellen, die sonst kaum einer nutzen kann: Das sind vor allem Kirschkerne oder seine Winter-Lieblingsnahrung, die in steinharte Früchte eingeschlossenen Samen der Hainbuche. Erscheint ein Kernbeißer am Futterplatz, halten andere Vögel oft respektvoll Abstand.

Im Flug besonders auffällig: die weiße Fügel- und Schwanzzeichnung

052

Buchfink
— Fringilla coelebs

MERKMALE 14–16 cm lang. Schlank und langschwänzig, mit kräftigem, kegelförmigem Schnabel. Männchen im Prachtkleid bunt mit blaugrauer Kappe, rötlicher Unterseite und zwei weißen Flügelbinden, im Schlichtkleid matter. Weibchen haben eine braungraue Oberseite und schmalere Flügelbinden. Ruft laut „pink" und ansteigend „hüitt", der laut schmetternde Gesang („Finkenschlag") besteht aus einer Folge von in der Tonhöhe abfallenden Phrasen und einem Endschnörkel und ertönt schon an schönen Spätwintertagen.

VORKOMMEN Der Buchfink gilt noch vor Spatz und Amsel als häufigste Vogelart Deutschlands. Er ist über ganz Europa vom geschlossenen Wald über Feldgehölze, Parks und Gärten bis in die Innenstädte verbreitet, sofern einige größere Bäume Brutplätze bieten. Buchfinken sind Teilzieher: Nord- und Osteuropa werden im Winter geräumt, ab Mitteleuropa harren sie (teilweise) aus. Oft bleiben die Männchen vor Ort, während Weibchen und Jungvögel wegziehen. Das hat der Art ihren wissenschaftlichen Namen gegeben (lat. coelebs = ledig).

WISSENSWERTES Wie andere Finkenarten auch setzen Buchfinken auf Pflanzennahrung, ziehen ihre Jungen aber

Fliegende Buchfinken zeigen zwei auffallende Flügelbinden und weiße Schwanzkanten.

Ihre Nahrung suchen Buchfinken gerne am Boden. Unter fruchtenden Bäumen sammeln sich oft größere Trupps.

ausschließlich mit Insekten – vor allem Schmetterlingsraupen – groß. Samen einer Vielzahl von Wildkräutern werden gefressen. Im Herbst und Winter spielen Früchte von Bäumen eine große Rolle, allen voran die Bucheckern. Mit der Nahrung wechselt der Aktionsraum: Während die Finken im Herbst und Winter systematisch den Boden absuchen, turnen sie im Frühjahr auf Insektenjagd durch die Kronen der blühenden Bäume. An Futterplätzen machen Buchfinken sich eher rar. Für den Nestbau werden Laubbäume bevorzugt. Den tiefen Napf baut das Weibchen in mehreren Schichten. Die äußere besteht aus Moos und wird mit Flechtenstückchen getarnt. Ein fester Rand schließt die Nestmulde aus Gräsern, Fasern, Haaren und eingewobenen Federn oben ab.

Bei gleicher Grundfärbung wirken Weibchen wesentlich schlichter als die bunten Männchen.

053

Bergfink
— Fringilla montifringilla

MERKMALE 14–16 cm lang. Die nahe Verwandtschaft zum Buchfinken ist an der ähnlichen Statur deutlich sichtbar. Ein gutes Unterscheidungsmerkmal ist der im Flug weiß leuchtende Bürzel (bei Buchfinken grünlich). Das Prachtkleid der Männchen mit glänzend schwarzem Kopf und intensiv orange gefärbter Brust ist im Winter noch durch helle Federsäume verdeckt, die sich erst zum Frühjahr vollständig abgenutzt haben. Die Weibchen sind blasser gefärbt, vom Buchfinkweibchen aber durch die orange getönte Brust leicht zu unterscheiden. Häufigster Ruf im Winter ist ein lautes, nasales „quäik“.

VORKOMMEN Die Brutgebiete des Bergfinks liegen in der Waldzone des Nordens von Skandinavien bis Ostasien. In Mitteleuropa ist er zwischen Oktober und April Durchzügler

Am schmalen, weißen Bürzel sind fliegende Bergfinken leicht zu erkennen.

Männchen im Prachtkleid mit schwarzem Kopf sind in Mitteleuropa selten zu sehen.

In manchen Wintern allgegenwärtig, in anderen rarer: Ein Bergfinkentrupp rastet in einer Hecke.

und Wintergast, abhängig von Bruterfolg und Nahrungsangebot allerdings in sehr stark wechselndem Ausmaß.

WISSENSWERTES In Jahren mit reicher Fruchtbildung der Buche („Mastjahre") können sich enorme Mengen von Bergfinken auf engem Raum konzentrieren. Aus einem Umkreis von 35–40 km sammeln sie sich dann an Schlafplätzen, die allabendlich von Hunderttausenden oder gar Millionen von Vögeln aufgesucht werden – ein beeindruckendes Naturschauspiel! Die Schlafplätze befinden sich an mikroklimatisch begünstigten, windgeschützten Stellen. Nadelbäume werden bevorzugt, weil sie den Wind besser abhalten. Die Vogelmassen selbst können den Schlafplatz höchstens um 0,5–1 Grad Celsius aufwärmen. Solche Schlafplätze können monatelang bestehen, lösen sich aber schnell auf, wenn Schnee die Bucheckern unzugänglich macht. In „normalen" Jahren sind Bergfinken oft zusammen mit Buchfinken unterwegs. Der etwas längere Flügel macht erstere etwas schneller. In gemischten Trupps fliegen die Bergfinken deshalb immer an der Spitze.

GARTENTIPP
In „Bergfinkenjahren" erscheinen die Vögel auch in großen Trupps an Futterplätzen und interessieren sich dort vor allem für größere Samen wie Sonnenblumenkerne.

054 | Gimpel, Dompfaff
— *Pyrrhula pyrrhula*

MERKMALE 15,5–17,5 cm lang. Ein dick und gemütlich wirkender Fink mit kurzem, schwarzem Kegelschnabel, durch schwarze Kappe, leuchtend hellrote (Männchen) oder graue (Weibchen) Unterseite, weiße Flügelbinde und im Flug auffallend weißen Bürzel gekennzeichnet. Weiches, melancholisch abfallendes „djü" – leise, aber weit hörbar.
VORKOMMEN Wie manche andere Finken ursprünglich ein Waldvogel, der sich auch andere baumbestandene Lebensräume wie Parks, Friedhöfe und größere Gärten erschlossen hat. Zu einem vielfältigen Samen- und Beerenangebot müssen noch gute Verstecke für das Nest kommen, damit sich Gimpel wohlfühlen. Optimal sind unterholzreiche Nadel-Laubmischwälder. In Mitteleuropa sind Gimpel Jahresvögel. Im Winter fallen gelegentlich Dompfaffen auf, die statt des weichen „djü" ein lautes, nasales „töd" hören lassen. Diese „Trompetergimpel" sind Zuzügler aus Nordost.
WISSENSWERTES Dompfaffen wurden früher häufig als Stubenvögel gehalten. Da ihr Gesang nicht angeboren ist, sondern die

GARTENTIPP
Früher wurden Gimpel als Schädlinge verfolgt, weil sie Blatt- und Blütenknospen fressen. Seit der Sperber (S. 170) wieder häufiger ist, hat sich dieses Problem erledigt. Am Futterhaus fressen die gerne zu zweit auftretenden Gimpel kleinere Sämereien.

Während das Männchen durch sein leuchtendes Rot überzeugt, besticht das Gimpelweibchen durch dezente Schönheit.

Jungen ausschließlich vom Vater lernen, wie man singt, pfeifen handaufgezogene Vögel die Melodien nach, die man ihnen immer wieder vormacht, und halten „Hänschen klein" für den arteigenen Gesang. Gimpel ernähren sich überwiegend pflanzlich, wobei im Spätherbst die Samen von Kräutern und Stauden im Vordergrund stehen (zum Beispiel Brennnessel, Ampfer), im Winter die von Sträuchern und Bäumen (vor allem Vogelbeere, wobei das Fruchtfleisch wenig interessiert), während im Frühjahr von Samennahrung auf Knospen umgestiegen wird.

Jungvögeln fehlt die schwarze Kappe.

Bei fliegenden Gimpeln ist der strahlend weiße Bürzel ein wichtiges Bestimmungsmerkmal.

055

Girlitz
— Serinus serinus

MERKMALE 11–12 cm lang. Kleiner Fink mit winzigem Schnabel, Ober- wie Unterseite stark gestreift, Männchen mit viel Gelb an Kopf, Brust und Bürzel. Weibchen blasser, aber an dem gelben Bürzel, der beim Auffliegen auffällt, trotzdem leicht zu erkennen. Jungvögel ohne Gelb. Farben können sich durch Abnutzung der Federn verändern. Im abgetragenen Gefieder sind Girlitzmännchen weit gelber als im frischem. Dieses Prachtkleid tragen sie im Frühjahr und Sommer. Gesang hoch und schnell quietschend („ungeölter Kinderwagen"), mit langen Strophen, die oft von Antennen oder, von einer solchen startend, in merkwürdig taumelndem, steifflügeligem Singflug vorgetragen werden. Flugruf hastig „girr-i-lit" – daher der Name.

VORKOMMEN Der Girlitz ist ein Kulturfolger. Seine höchste Dichte erreicht er in abwechslungsreichen Siedlungen: Bäume und Sträucher zum Brüten, Antennen oder Leitungsdrähte als Singwarten und freie Bodenflächen mit Ruderalflora (das sind die typischen „Unkrautfluren") zur Nahrungssuche. Anders als die meisten Samenfresser verlässt der Girlitz Mitteleuropa im Oktober. Als Kurzstreckenzieher überwintert er aber bereits in Südeuropa. Ab März/April ist er wieder im Brutgebiet.

WISSENSWERTES Der Girlitz hat sein Areal im 19. und 20. Jahrhundert enorm erweitert. Ursprünglich im Mittelmeergebiet heimisch, wurden die ersten Bruten in Deutschland um 1800 nachgewiesen. Hundert Jahre später war bereits die Nordseeküste erreicht.

Girlitzmännchen (linke Seite) haben viel Gelb an Kopf und Brust. Ihre Stirn ist, anders als beim Weibchen (rechte Seite), ungestreift.

Der gelbe Bürzel kennzeichnet den Girlitz im Flug.

Als Gründe dieser Erfolgsgeschichte werden das zunehmende Entstehen geeigneter Lebensräume in Mitteleuropa ebenso diskutiert wie eine genetische Änderung des Zugverhaltens, die die Vögel im Frühjahr übers Ziel hinausschießen ließ und so in neue Gebiete führte. Das Nest, ein ordentlich gebauter, kleiner Napf, wird in guter Deckung gebaut, vermutlich ein Grund dafür, warum der Girlitz Nadelbäume bevorzugt. Seine Nahrung sucht er am Boden; sie besteht überwiegend aus kleinen Sämereien von Wildkräutern wie Hirtentäschelkraut, Löwenzahn und anderen. Während viele Finken ihre Jungen mit Insekten großziehen, verfüttern Girlitze einen Brei aus vorverdauten Sämereien.

056 | Erlenzeisig
— *Carduelis spinus*

MERKMALE 12–12,5 cm lang. Ähnlich klein wie der Girlitz (S. 120), von diesem aber durch den längeren, spitzen Schnabel und eine im Sitzen wie im Flug auffällige gelbe Flügelbinde leicht zu unterscheiden. Männchen sind kontrastreicher und haben einen schwarzen Scheitel. Fliegende Trupps fallen dadurch auf, dass die Vögel ungewöhnlich wenig Abstand voneinander halten. Typisch sind leicht melancholische Rufe „düih" und ein lang anhaltender, schnell schwätzender Gesang.
VORKOMMEN Zur Brutzeit an Wälder gebunden – das Nest wird meist in dichten Fichten gebaut, die auch Nahrung bieten. Im Herbst und Winter in großen Trupps weit umherstreifend.
WISSENSWERTES Während der Brutzeit sollte er eher „Fichtenzeisig" heißen, später macht er seinem Namen Ehre: Schwarz- und Grauerle werden schon vor der Samenreife und dann den ganzen Winter hindurch intensiv genutzt. An sonnigen Wintertagen prägt das Schwätzen der Zeisige die erlengesäumten Bachläufe.

Typisch Zeisig: die gelben Flügelbinden

GARTENTIPP
An Futterplätzen nutzen Zeisige gerne Meisenknödel, auf denen sie sich ebenso akrobatisch bewegen wie in den dünnen Zweigen der Baumkronen.

057

Fichtenkreuzschnabel
— Loxia curvirostra

MERKMALE 15–17 cm lang. Gedrungener Finkenvogel mit dickem Kopf und starkem Schnabel mit überkreuzten Spitzen. Ausgefärbte Männchen mit ziegelrotem Körper und leuchtend rotem Bürzel, Weibchen sind grünlich mit verwaschen gestreifter Oberseite, die graubraunen Jungvögel kräftig gestreift. Leicht auch am häufig zu hörenden Flugruf zu bestimmen, einem harten, meist dreisilbigen „gip-gip-gip".

Weibchen sind grünlich gefärbt.

VORKOMMEN Die Verbreitung des Fichtenkreuzschnabels deckt sich in etwa mit der der Fichte und einiger anderer Nadelbaumarten, von deren Samen er lebt. Das von Jahr zu Jahr und von Gebiet zu Gebiet extrem stark schwankende Nahrungsangebot zwingt den Kreuzschnabel zu teilweise großräumigen Wanderungen und merkwürdigen Brutzeiten – zum Teil mitten im Winter.

WISSENSWERTES Frisch geschlüpft haben Kreuzschnäbel noch einen ganz normalen Schnabel. Bereits nach zwei Wochen beginnen die Spitzen aber, aneinander vorbei zu wachsen. Es entsteht ein ideales Werkzeug, um die fest anliegenden Knospenschuppen von Fichtenzapfen aufzuhebeln.

058

Grünfink, Grünling
— *Carduelis chloris*

MERKMALE 14–16 cm lang. Stämmiger Fink mit kräftigem, hellem Kegelschnabel. Beide Geschlechter mit (vor allem im Flug stark auffallendem) gelbem Flügelfeld und gelber Schwanzbasis. Im Sitzen wird das Flügelfeld zu einem gelben Seitenstreif. Die teils moosgrün, teil grau gefärbten Männchen wirken glatt, die Weibchen weisen dagegen verwaschene, Jungvögel starke Streifen auf. Der Gesang, ein lautes, lang anhaltendes, kanarienvogelartiges Trillern, ertönt aus hohen Bäumen oder wird in taumelndem Singflug über dem Revier vorgetragen. Sehr typisch ist auch ein raues, nasal abfallendes, gedehntes Knätschen „dschrüüi".
VORKOMMEN Abgesehen von dichten Wäldern und baumloser Agrarsteppe kann man Grünfinken fast überall antreffen.

Grünfinkmännchen (oben rechts und Flugbild) sind viel auffälliger gefärbt als die Weibchen.

Wenn Grünfinken am Futterhaus sind, wird es nicht langweilig. Auf den anfliegenden Artgenossen reagiert der linke Vogel mit einer charakteristischen Drohgebärde.

Abwechslungsreiche, mit Gärten und Bäumen durchsetzte Siedlungen bieten ihm hervorragende Lebensbedingungen – der Grünfink gehört zu den Arten, die vom Menschen durchaus profitieren. Im Winter finden in Europa Zugbewegungen statt, ganz geräumt wird aber nur der hohe Norden.

WISSENSWERTES Die Brut beginnt schon lange bevor die Laubbäume austreiben; der besseren Deckung wegen werden die Nester für die erste Brut deshalb gerne in immergrüne Gehölze gebaut. So kommt selbst die im Naturgarten eigentlich verpönte Thuja zu Ehren, die der Grünfink auch im Herbst wegen ihrer Samen schätzt. Grünfinken haben allerdings ein sehr großes Nahrungsspektrum: Blüten oder Blätter wie die der Vogelmiere werden gefressen, kleine Samen wie die des Löwenzahns oder große wie Bucheckern, weiche Früchte wie Hagebutten oder harte. Selbst die sehr harten Hainbuchenfrüchte werden geknackt, was sonst nur der Kernbeißer (S. 113) kann.

GARTENTIPP

Futterhäuser sind Grünfinken-Paradiese. Oft sind sie hier die dominierende Art. Ausgesprochen streitlustig vertreiben sie Mitesser mit ihrer typischen Drohhaltung: geöffneter Schnabel, angelegtes Gefieder, leicht gelüftete Flügel und gespreizter Schwanz. Dezentrale Fütterung verschafft anderen Hungrigen ebenfalls eine Chance.

059 | Stieglitz, Distelfink
— *Carduelis carduelis*

MERKMALE 12–13,5 cm lang. Klein und zierlich, mit langem, spitzem, hellem Schnabel, roter Gesichtsmaske, markant schwarz-weiß-gelben Flügeln und weißem Bürzel. Die Unterseite ist hell, von bräunlichen Seitenflecken und Flanken abgesehen. Jungvögeln fehlt die rote Gesichtszeichnung. Der helle Ruf „stigelitt", der oft von fliegenden Vögeln zu hören ist, wird auch in den Gesang eingebaut, der aus einer Folge schneller Triller und zwitschernder Laute besteht.

GARTENTIPP
Wird das Staudenbeet nicht gleich abgeräumt, bringen die bunten Vögel im Spätsommer und Herbst Leben in den Garten.

VORKOMMEN Während der Brutzeit lichte Wälder, Waldränder, Streuobstwiesen, Parks und große Gärten, die sich durch ein gutes Angebot an Stauden- und Kräutersamen auszeichnen. Später in kopfstarken Trupps vor allem auf großen Brachflächen oder Hochstaudenfluren. Im Winter sind die Bestände des Kurzstreckenziehers stark ausgedünnt.
WISSENSWERTES Stieglitze nisten im äußeren Kronenbereich von Laubbäumen. Nicht nur nach der Brutzeit sind die kleinen Finken sozial: Mehrere Nester können dicht benachbart sein. Die Spezialität der Stieglitze ist die Plünderung von Samenständen, die sie mit ihrem Pinzettenschnabel geschickt auseinandernehmen. Milchreife Samen werden sofort gefressen, reife mit Schnabelbewegungen von ihrer Hülle befreit.

Verdorrende Stauden ziehen Stieglitztrupps magisch an. Zu den Favoriten zählt neben Disteln die Karde (linke Seite).

Über 150 Pflanzenarten besucht der Stieglitz. Favoriten sind unter anderem Löwenzahn, verschiedene Distelarten („Distelfink“) und Karden. Leicht wie er ist, kann er sich gut an den Stängeln halten. Tragen sie nicht einzeln, stützt er sich an einem zweiten ab oder umklammert gleich mehrere. Im Herbst ist der Tisch für Samenfresser reich gedeckt. Wird die Nahrung knapp, verschwinden viele Vögel Richtung Süden, die übrigen steigen auf die Erle um. Im Frühjahr ist Frischkost hoch begehrt. Die Früchte des Huflattichs, einer unserer ersten Frühjahrsblüher, sind schon sehr früh im Jahr verfügbar.

Auffallend: breiter, gelber Flügelstreif und weißer Bürzel

Um Stieglitze zufriedenzustellen, muss der Futterspender mit sehr kleinen Samen gefüllt sein.

060 | Bluthänfling
— *Carduelis cannabina*

MERKMALE 12,5–14 cm lang. Kleiner, aber stämmiger Fink mit kurzem Schnabel. Männchen mit grauem Kopf, kastanienbraunem Rücken, roter Stirn und roter Brust; Weibchen ohne Rot. Helles Flügelfeld und weiße Schwanzkanten vor allem im Flug zu sehen. Ruft (ab)fliegend klappernd „geg geg", ähnliche Laute werden auch in den sehr abwechslungsreichen Gesang eingebaut, der meist von einer Singwarte vorgetragen wird.
VORKOMMEN Als wärmeliebender Brutvogel offener Landschaften in Mitteleuropa ein typischer Kulturfolger. Auf Bäume kann der Hänfling verzichten: Anders als die meisten verwandten Finkenvögel baut er sein Nest gut versteckt oft in niedrigen Sträuchern oder sogar am Boden. Erhöhte Sitz- und Singwarten genügen dem Männchen, um

Die Ausdehnung der roten Farbe auf Stirn und Brust im Prachtkleid des Männchens kann variieren.

Weibchen fehlt das Rot des Männchens ebenso wie den Jungvögeln, die man an einem stärker gestreiften Rücken erkennt. Das schmale, weiße Flügelfeld hilft bei der Bestimmung.

sein leuchtendes Rot angemessen zur Geltung zu bringen. Das spielt bei der Balz eine große Rolle. Als ihr Revier betrachten die Hänflinge nur die unmittelbare Umgebung ihres Nestes. Nahrungsquellen verteidigen sie nicht gegen Artgenossen, sondern nutzen sie gemeinschaftlich. Nach der Brutzeit sind Hänflinge oft in größeren Schwärmen unterwegs. Im Winter verlassen uns die meisten Vögel Richtung West- oder Südeuropa.

WISSENSWERTES Nicht nur der Hänfling selbst, sondern auch seine bevorzugte Nahrung sind Kulturfolger: Er lebt von Sämereien von Kräutern und Stauden. Baumsamen oder solche, die erst von fleischigen Fruchthüllen befreit werden müssen, werden weniger geschätzt. Damit ist der Hänfling weitgehend abhängig von den Pflanzen, die gemeinhin zum „Unkraut" gezählt werden: Löwenzahn, Vogelknöterich, Sauerampfer, Vogelmiere, Hirtentäschelkraut, Beifuß, verschiedene Gräser und Dutzende andere. Damit wird klar: Wer Unkraut konsequent bekämpft, trifft auch den Hänfling. Die Intensivierung der Landwirtschaft, das Schwinden der Feldraine und übermäßiger Einsatz von Pflanzenvernichtungsmitteln haben schon zu einem starken Rückgang des früheren Allerweltsvogels geführt.

GARTENTIPP
Stimmt die Nahrungsbasis, brüten Hänflinge auch in Gärten, gerne in Dornsträuchern oder immergrünen Gehölzen.

061 Birkenzeisig
— Carduelis flammea

MERKMALE 11,5–14 cm lang. Durch die rote Stirn und Brust ähneln ausgefärbte Männchen auf den ersten Blick einem Bluthänfling (S. 128), sind aber kleiner und viel stärker gestreift. Den kleinen, schwarzen Kinnfleck und die deutliche Flügelbinde haben auch die Weibchen und jungen Männchen, die nur wenig Stirn-Rot aufweisen.

Unter den vielen Lautäußerungen ist besonders ein häufig von fliegenden Vögeln geäußertes „tschett-tschett" kennzeichnend.

VORKOMMEN Birkenzeisige sind einerseits im gesamten nördlichen Nadelwaldgürtel heimisch, andererseits in den Alpen und Großbritannien, von wo aus sie sich im Lauf des 20. Jahrhunderts sowohl an der Nordseeküste als auch im Mittelgebirgsraum ausgebreitet haben. Guter Bruterfolg, kombiniert mit schlechtem Fruchtansatz der Birken, führt immer wieder zu ausgeprägten Wanderungen; dann erscheinen auch Vögel aus dem Norden in großer Zahl.

WISSENSWERTES Die etwas dunkler gefärbten mitteleuropäischen Vögel werden inzwischen oft als eigene Art (Alpenbirkenzeisig, *Carduelis cabaret*) betrachtet.

062

Goldammer
— Emberiza citrinella

MERKMALE 15,5–17 cm lang. Männchen mit leuchtend gelbem Kopf und Unterseite sowie braun gestreiftem Rücken, im Winter wie die Weibchen nur mit wenig Gelb am Kopf, aber am rostbraunen Bürzel (der beim Auffliegen auffällt) gut zu erkennen. Der Gesang, in gleicher Höhe beginnend und mit einem tieferen, längeren Ton endend („wie wie wie hab ich dich liiieeeb"), ist ebenso charakteristisch wie die Rufe, ein scharfes „tsit" und ein raues „stüff". Goldammern singen oft unermüdlich, selbst bei leichtem Regen oder Sommerhitze.

VORKOMMEN Typischer Vogel der von Hecken durchzogenen, bäuerlichen Kulturlandschaft, auch an Waldrändern, in Streuobstwiesen und auf Kahlschlägen. Wichtige Elemente sind Singwarten, offene Bereiche für die Nahrungssuche am Boden und gut gedeckte Brutplätze für das am Erdboden oder niedrig im Gebüsch gebaute Nest.

WISSENSWERTES Im Sommer eher Insektenfresser, im Winter überwiegt pflanzliche Nahrung. Neben Wildgräsern spielt Getreide eine große Rolle. Moderne Erntemethoden führen zu winterlichen „Versorgungslücken" und damit zum langfristigen Rückgang dieser noch häufigen Art.

GARTENTIPP
Winterfütterungen in Gärten werden nur in Ortsrandlage besucht; dort bleiben Goldammern am Boden und picken gerne Hafer oder Haferflocken.

063 Rohrammer
— Emberiza schoeniclus

MERKMALE 13,5–15,5 cm lang. Weibchen ähneln mit ihrer braun und schwärzlich gestreiften Oberseite Spatzenweibchen (S. 106), die aber durch ihr verwaschenes Grau wesentlich weniger adrett aussehen. Die Kopfzeichnung – beiger Überaugenstreif und dunkler Kinnstreif – und die weißen Schwanzkanten geben weitere Hinweise. Männchen im Prachtkleid sind durch die markante Kopfzeichnung unverkennbar. Der zögernde Gesang besteht aus einigen tschilpenden Tönen, häufigster Ruf ist ein hartes „zieh".
VORKOMMEN In Schilfgürteln und Röhrichten häufiger Brutvogel, zur Zugzeit aber auch weitab von Gewässern. Rohrammern sind Kurzstreckenzieher; die meisten Vögel verlassen uns im Winter und kehren ab Ende Februar zurück.

WISSENSWERTES Hüpfend, flatternd und kletternd bewegen sich die Ammern überaus geschickt im Schilf. Hohe Schilfhalme werden auch gerne als Singwarte genutzt, ebenso wie das Schilf überragende Weidenbüsche. Anders als die Rohrsänger baut die Rohrammer ihr Nest nicht auf halber Höhe zwischen die Schilfstängel, sondern in Bülten am Boden.

Weibchen

064 | Wendehals
— *Jynx torquilla*

MERKMALE 16–18 cm lang. Rindenfärbung mit brauner und grauer Grundfarbe, von Kopf bis Schwanz sehr fein dunkel gestreift und gebändert, Schnabel kurz und spitz. Sehr heimlich und am ehesten im Frühjahr durch seinen Gesang zu entdecken, ein laut quäkendes „gä-gä-gä-gä …"

VORKOMMEN Über ganz Europa verbreitet, aber nirgends häufig. Lichte Wälder und Streuobstwiesen schätzt er, dagegen meidet er Gebiete mit großflächig nassen Böden, weil es dort an seiner Lieblingsnahrung, den Ameisen, mangelt. Den Winter verbringt der Wendehals in Afrika.

WISSENSWERTES Der Wendehals ist kein Singvogel, sondern ein Specht, wenn auch ein sehr ungewöhnlicher. Weder hat er den spechttypischen Meißelschnabel noch einen Stützschwanz. Auch sonst fällt er aus dem Rahmen: Er trommelt nicht und kann auch keine Bruthöhlen zimmern. Damit ist er auf „Altbauten" anderer Spechte oder ausgefaulte Baumhöhlen angewiesen. In der Hand gefangen, dreht der Wendehals seinen lang ausgestreckten Hals langsam hin und her – daher sein Name.

GARTENTIPP
Nistkästen helfen, allerdings nur in Kombination mit nicht zu dichten Wiesen mit Weg- und Wiesenameisen, die der Wendehals in ihren unterirdischen Bauen aufspürt und mithilfe seiner langen, klebrigen Zunge einsammelt.

065 | Grünspecht
— Picus viridis

MERKMALE 30–36 cm lang. Oberseits grün mit leuchtend gelbgrünem Bürzel, rotem Streif vom Scheitel bis zum Nacken, schwarzer Augenmaske und (bei Männchen innen rotem) Bartstreif, stark wellenförmigem Flug. Entlarvender Ruf, ein laut lachendes „kjück-kjück-kjück …“.
VORKOMMEN Ganzjährig in lichten Laubwäldern, Streuobstwiesen, Parks und größeren Gärten mit Baumbestand.

GARTENTIPP
Manche Gartenbesitzer bekämpfen Ameisen; das sollten wir lieber den Grünspechten überlassen.

WISSENSWERTES Grünspechte ziehen gerne in vorhandene Bruthöhlen. Zimmern sie selbst, bevorzugen sie weiches, oft auch krankes Holz. Dass der Grünspecht häufig am Boden unterwegs ist, hat mit seiner ausgeprägten Liebe für Ameisen zu tun. Mehr als 10 cm lässt sich die wurmartig bewegliche, klebrige, an der Spitze mit Widerhaken besetzte Zunge ausfahren – ein ideales Werkzeug, um Ameisen zu erbeuten. Im Winter minieren die Spechte in Ameisenhaufen, im Sommer werden vor allem Rasenflächen abgesucht, um unterirdische Ameisennester zu finden.

066

Grauspecht

— Picus canus

MERKMALE 27–32 cm lang. Auf den ersten Blick dem etwas größeren und viel häufigeren Grünspecht gleichend, aber nicht so bunt. Der graue Kopf zeigt nur wenig (Männchen) oder gar kein Rot (Weibchen) und einen nur angedeuteten Bartstreif, das Grün der Oberseite ist gedämpft. Die Rufreihe des Grauspechts klingt nicht lachend, sondern fällt melancholisch und langsamer werdend allmählich ab: „kü kü kü kü …" Trommelt im Gegensatz zum Grünspecht auch.

GARTENTIPP
Häufiger als der Grünspecht an Winter-Futterstellen, wo er vor allem Fettfutter schätzt.

VORKOMMEN In West- und Mitteleuropa weitgehend auf die Mittelgebirge beschränkt und dort ganzjährig in lichten (Laub-)Wäldern, Parks, Streuobstwiesen zu sehen. In der norddeutschen Tiefebene fehlt der Grauspecht weitgehend. Weniger auf Altholz angewiesen als der Grünspecht und deshalb auch mit kleineren Baumbeständen schon zufrieden. In vielen Stadtparks kommen beide Arten vor. Der seltenere und versteckter lebende Grauspecht ist aber nicht so leicht zu entdecken wie der Grünspecht.

WISSENSWERTES Neben Wendehals (S. 133) und Grünspecht der dritte im Bunde der Ameisen liebenden Spechte, die ihre Nahrung bevorzugt am Boden suchen und über eine Kombination von großen Speicheldrüsen und langer, klebriger Zunge verfügen.

067 | Buntspecht
— *Dendrocopos major*

MERKMALE 23–26 cm lang, Spannweite bis zu 44 cm. Schwarz-weiß mit dunkelrotem Unterschwanz, Männchen auch mit rotem Nackenfleck, Jungvögel mit roter Kopfplatte. Wellenförmiger Flug. Ruf ein kurzes, scharfes „kick". Für ihre kurzen Trommelwirbel nutzen Buntspechte nicht nur dürre Äste, sondern auch Masten, Regenrohre oder Blechdächer: Hauptsache laut!

VORKOMMEN Der bei weitem häufigste unserer Spechte ist in ganz Europa verbreitet und kommt das ganze Jahr in fast allen Lebensräumen vor, in denen Bäume stehen: dichte Nadelwälder, Misch- und Laubwälder, Streuobstwiesen, Stadtparks, Friedhöfe und größere Gärten.

WISSENSWERTES Beim Zimmern der Bruthöhle ist Weichholz kein Problem für ihn; in hartem Holz nutzt er bevorzugt geschädigte Stellen. Buntspechthöhlen haben einen kreisrunden Eingang von etwa 5 cm

GARTENTIPP
Mit Nistkästen können wir nicht helfen – Spechte zimmern ihre Wohnungen selbst. Lassen wir also den Obstbaum-Veteranen im Hausgarten einfach stehen, obwohl er vielleicht nicht mehr viel trägt. Neben zahlreichen anderen Vögeln zieht er auch den Buntspecht an. Später haben Spechtwohnungen viele Nachmieter: Meisen, Schnäpper, Fledermäuse … Am Futterhaus sind Buntspechte regelmäßige Gäste; sie schätzen vor allem Fettfuttergemische und Nüsse.

Männchen (linke Seite) und Weibchen (rechte Seite) des Buntspechts

Durchmesser. Haben die Spechte Nachwuchs, lassen sich die Höhlen leicht orten: Das Geschrei der Jungvögel ist weithin zu hören. Der starke Meißelschnabel dient aber nicht nur zum revieranzeigenden Trommeln und zum Wohnungsbau, sondern auch der Nahrungsbeschaffung. Aus Stämmen und Stubben freigelegte Holz bewohnende Insekten und deren Larven, Nadelbaumsamen, durch Anhacken der Rinde gewonnener Baumsaft – Buntspechte ernähren sich überaus vielseitig. In Nadelwäldern werden bei reicher Zapfenernte „Zapfenschmieden" angelegt, in denen das mühsam geerntete und transportierte, sperrige Gut festgeklemmt und bearbeitet werden kann.

068 | Mittelspecht
— *Dendrocopos medius*

MERKMALE 19,5–22 cm lang, Spannweite bis zu 34 cm. In den Farben des viel häufigeren Buntspechts, von diesem aber durch eine rote Kappe unterscheidbar (aber Vorsicht: Junge Buntspechte haben das auch!). Die helle Unterseite ist deutlich gestrichelt, der Unterschwanz rosa statt dunkelrot. Durch den viel kürzeren Schnabel sieht der Mittelspecht deutlich „netter" aus als sein kaum größerer Vetter. Balzruf im Frühjahr laut quäkend „gwä-gwä-gwä …".

VORKOMMEN Kaum ein Mittelspecht-Revier ohne alte Eichen – dementsprechend deckt sich das Verbreitungsgebiet der wärmeliebenden Art in Mitteleuropa mit dem natürlichen Laubwaldgürtel. Die Spechte leben bevorzugt ganzjährig in Hartholz-Auenwäldern oder artenreichen Laubmischwäldern.

WISSENSWERTES Der eher schwache Schnabel des Mittelspechts ist ein ideales Werkzeug, um aus den tiefen Ritzen der rauen Eichenborke Insekten zu holen. Ein energisches Hacken, um Beute freizulegen, ist dagegen nur selten zu sehen. Auch die Bruthöhlen werden ausnahmslos in geschädigtem Holz angelegt, das sich leicht bearbeiten lässt.

069

Kleinspecht
— Dryobates minor

MERKMALE 14–16,5 cm lang, Spannweite bis zu 29 cm. Ein Specht, kaum größer als ein Spatz! Männchen sind schwarz-weiß-rot wie der häufige Buntspecht, aber mit roter Kopfplatte, die dem Weibchen fehlt. Bei beiden findet sich statt der großen, weißen Schulterflecke oberseits ein Muster feiner, weißer Streifen. Schnabel kurz und spitz. Der Gesang „kie-kie-kie-kie …" erinnert an den Ruf des Turmfalken.

VORKOMMEN Standvogel, der über fast ganz Europa verbreitet, aber nirgends häufig ist. Bevorzugte Lebensräume sind helle Laubwälder mit alten Bäumen, Streuobstwiesen, Parks und große Gärten.

WISSENSWERTES Wie der Mittelspecht zimmert der Kleinspecht seine Bruthöhlen in weichem, totem oder morschem Holz und nutzt dafür nicht nur Stämme, sondern auch größere Äste, sodass manche seiner Höhlen „liegen". Mit 32 mm Durchmesser entspricht der Höhleneingang genau dem, den viele Singvögel wie Kohlmeisen oder Trauerschnäpper lieben, sodass sich der kleine Specht oft heftiger Konkurrenz erwehren muss.

Weibchen und fliegendes Männchen des Kleinspechts

070 | Mauersegler
— Apus apus

MERKMALE 17–18,5 cm lang, Spannweite bis zu 44 cm. Ganz dunkel – die hellere Kehle ist kaum erkennbar – mit extrem langen, schmalen, sichelförmigen Flügeln und gegabeltem Schwanz, Beine winzig. Nur fliegend zu sehen. Meist in Gruppen unterwegs und vor allem bei abendlichen Flugjagden knapp über die Dächer oder gar durch Straßenschluchten dahinschießend und dabei durch überaus rasanten Flugstil und durchdringend laute „srieh"-Rufe auffallend.

VORKOMMEN In ganz Europa verbreiteter und in Nischen alter Gebäude in Kolonien brütender Stadtvogel. Viel seltener sind Bruten in Baumhöhlen. Als extrem gute Flieger überall dort unterwegs, wo es Nahrung gibt, also auch weitab der Brutplätze.

Mauerseglerfüße taugen nicht zur Fortbewegung, mit den vier nach vorne gerichteten Krallen aber gut zum Festhalten.

Hier kommen die Dauerflieger zur Ruhe: Auch der nicht brütende Partner übernachtet gerne am Nistplatz.

WISSENSWERTES Mauersegler ernähren sich von „Luftplankton", kleinen Insekten oder vom Wind verdrifteten Jungspinnen, die sie mit ihrem kescherartigen Schnabel erbeuten. Ihre spezielle Vorliebe macht sie zu reinen Sommervögeln: So kurz wie die Segler – Mai bis September – verweilt kein anderer Zugvogel im mitteleuropäischen Brutgebiet. Mauersegler können über 20 Jahre alt werden, vermehren sich aber sehr langsam: Nur zwei oder drei Eier werden in die aus wenigen Halmen und Speichel gebauten Nester gelegt. Schlechtem Wetter und dem dadurch verursachten Nahrungsmangel weichen Mauersegler aus und können sich dann tagelang und mehrere Hundert Kilometer vom Brutplatz entfernen. Die Jungen verfallen derweil in einen kräftesparenden „Hungerschlaf" (Torpor) und überstehen so die Durststrecke. Abseits vom Brutplatz sind Mauersegler reine Luftvögel: Zum Schlafen schrauben die Segler sich abends in schwindelnde Höhen, getrunken wird im Flug von Wasseroberflächen, wobei der Schnabel eingetaucht und die Flügel schräg nach oben gehalten werden, und selbst die Drei-Sekunden-Paarung kann in der Luft stattfinden!

GARTENTIPP
Spezielle Nistkästen unter dem Dachtrauf helfen, bei Gebäudesanierungen verlorene Brutplätze zu ersetzen. Höhenlage wird dabei bevorzugt: Freier An- und Abflug muss garantiert sein.

071 | Schleiereule
— *Tyto alba*

MERKMALE 33–39 cm lang, Spannweite bis zu 95 cm. Die schlanke und langbeinige, sehr hell gefärbte Eule hat ein auffallend herzförmiges Gesicht. Im Flug blitzt die nahezu weiße Unterseite der Flügel auf – eine Schleiereule zu sehen, ist allerdings ein seltener Glücksfall, denn sie geht erst nach Einbruch der Dunkelheit auf Jagd. Die kreischenden, fauchenden, quietschenden und schnarchenden Rufe klingen ziemlich unheimlich.
VORKOMMEN Die Schleiereule gehört in die bäuerliche Kulturlandschaft mit einem Mosaik aus großen Gärten, Feldern, Hecken und Wiesen.
WISSENSWERTES Am liebsten brüten Schleiereulen in Dachstühlen von Dorfkirchen oder Scheunen. Im Gebäudeinneren angebrachte große Nistkästen mit Einschlupfloch (12 × 18 cm) werden gerne genutzt. Nestbau ist nicht nötig: Die Eier liegen meist auf einer Schicht alter Gewölle – daumengroße, unverdauliche Beutereste, die, in Haare verpackt, die Knochen von Beutetieren enthalten. Mäuse und Spitzmäuse leben in Schleiereulen-Revieren gefährlich: Mit ihrem extrem feinen Gehör orten die nächtlichen Jäger jedes Rascheln. Eng wird es für die Eule, wenn Mäuse knapp werden oder in schneereichen Wintern unter der schützenden, weißen Decke verschwinden. Dann verhungern viele Eulen. Folgt ein gutes „Mäusejahr", ist der Verlust schnell wieder wettgemacht. Bis zu zehn Eier legen die Eulen dann. Jede Nacht werden zahlreiche Mäuse angeschleppt, der Überschuss (bis zu 80 Stück!) am Nistplatz zwischengelagert. Läuft es so gut, wird

Schleiereulenpaar mit Jungen am Brutplatz

Zwischenlandung mit Beute auf dem Weg zum Brutplatz im Inneren des Gebäudes

anschließend gleich noch eine zweite oder gar dritte Brut begonnen. In schlechten Mäusejahren werden dagegen nur wenige Junge groß. Dann dienen die Nesthäkchen als letzte Reserve für die größeren Küken. In ganz schlechten Jahren legen die Eulen gar keine Eier, die Brut fällt komplett aus.

GARTENTIPP
Nistkästen anzubieten, lohnt sich nur, wenn die nähere Umgebung gute Jagdmöglichkeiten bietet. In der Nähe bekannter Brutplätze kann man den Eulen in schneereichen Wintern helfen, indem man Flächen räumt, dort Getreide streut und damit Mäuse anlockt.

072

Steinkauz
— Athene noctua

MERKMALE 23–27,5 cm lang, Spannweite bis zu 57 cm. Oberseite braun mit weißen Sprenkeln, Unterseite hell mit dichten, braunen Streifen. Ohne das typische, runde Gesicht vieler anderer Eulenarten; stattdessen durch eher breiten Kopf, lange Beine und kurzen Schwanz gekennzeichnet. Die Augen sind gelb und durch weiße Überaugenstreifen betont. Gesang eine Reihe flötender „guuig"-Laute.

VORKOMMEN Jahresvogel im gesamten Europa, den hohen Norden ausgenommen, den die eher wärmeliebende Art meidet. In Mitteleuropa werden Streuobstwiesen mit alten Obstbäumen bevorzugt.

WISSENSWERTES Eigentlich ist der Steinkauz hierzulande ein Kulturfolger. Das Verschwinden von Obstwiesen mit knorrigen Altbäumen (Bruthöhlen), Alleen, Kopfweiden oder Feldscheuern (Tagesverstecke) machen dem Mäuse-, Vogel- und Insektenjäger das Leben aber zunehmend schwer. Im Sommer stellen Nachtfalter und große Käfer einen großen Teil der Nahrung. Die Küken werden überwiegend mit Regenwürmern gefüttert.

GARTENTIPP
Wer dort, wo noch Steinkäuze vorkommen, einen großen Obstgarten in Siedlungsrandlage besitzt, kann mit speziellen, hohlen Ästen nachempfundenen Niströhren helfen. Oft gibt es in den örtlichen Naturschutzverbänden Steinkauz-Gruppen, die das notwendige Know-how haben.

073

Waldohreule

— Asio otus

MERKMALE 31–37 cm lang, Spannweite bis zu 98 cm. Schlanke, langflügelige Eule mit Rindenfärbung. Augen orange. Die langen Federohren sind kaum sichtbar, wenn die Eule entspannt ist; ist sie beunruhigt und geht in Habt-Acht-Stellung, wird das runde Eulengesicht schmal und die Federohren werden aufgestellt. Auffälliger als der dumpfe Gesang, eine tiefe, allmählich lauter werdende Folge von „oh“-Lauten, sind die durchdringenden „pi ih“-Bettelrufe der Jungen.

VORKOMMEN Über fast ganz Europa verbreitet, in Mitteleuropa Jahresvogel.

WISSENSWERTES Der Name täuscht: Die Waldohreule meidet dichte Wälder. Sie jagt bevorzugt in offenem Gelände mit niedriger Vegetation, in der sich Mäuse gut erwischen lassen. Kleine Wäldchen, Feldgehölze oder Alleen genügen zur Brut schon – wenn ein altes Krähen- oder Elsternnest zum Bezug steht. Im Winter kommen kleine Trupps manchmal mitten in die Stadt und nutzen einzelne Baumgruppen wochenlang als Tagesruheplatz, deutlich erkennbar auch an den schwarzen Gewöllen, die sich darunter ansammeln.

Junge Waldohreulen verlassen das Nest oft lange, bevor sie flügge werden, und werden zu „Ästlingen“.

074 Waldkauz
— Strix aluco

MERKMALE 37–43 cm lang, Spannweite bis zu 98 cm. Recht große Eule mit dickem, rundem Kopf und dunklen Augen, tarnende „Rindenzeichnung" bei einer rostbraunen (Bild links) bis graubraunen (Bild rechts) Grundfärbung. Der Reviergesang, bereits in mondhellen Spätwinternächten zu hören, ist ein weit tragendes und schauerliches „huuuuh – hu hu hu huuuu", der Ruf ein lautes und schrilles „kju-wick".

VORKOMMEN Anders als sein Name vermuten lässt, ist der Waldkauz nicht auf Wälder beschränkt. Auch auf Friedhöfen, in Parks und in Gärten mit altem Baumbestand ist er verbreitet. Tagsüber sitzt er gut getarnt nicht nur in Bäumen, sondern auch gerne in altem Gemäuer.

WISSENSWERTES Das Erfolgsrezept des Waldkauzes – unserer häufigsten Eulenart – liegt darin, dass er sowohl bei der Wahl des Brutplatzes als auch im Nahrungsspektrum äußerst anpassungsfähig ist. Dreiviertel seines Bedarfs decken Kleinsäuger (vor allem Feld- und Waldmäuse), den Rest Vögel, Frösche, Insekten und sogar Regenwürmer. Bei 300 g Beutegewicht – so viel wiegt ein Jungkanin-

GARTENTIPP
Alte Bäume mit großen Höhlen sollten unbedingt erhalten werden. Damit hilft man nicht nur dem Waldkauz, sondern darüber hinaus zahllosen anderen Vogelarten, Fledermäusen und seltenen Insekten.

An die vier- bis fünfwöchige Nestlingszeit schließt sich eine „Ästlingszeit" an, bevor die jungen Käuze mit etwa sieben Wochen flugfähig werden.

Große Nistkästen werden vom Waldkauz gerne angenommen.

chen oder eine Taube – liegt die Obergrenze. Der Tagesbedarf ist allerdings weit niedriger: um die 75 g = ungefähr drei Feldmäuse. Gejagt wird vor allem von Ansitzwarten aus. Ein scharfes Gehör und ein geräuschloser Flug ermöglichen die Jagd, gute Ortskenntnis erleichtern sie darüber hinaus. Waldkäuze sind deshalb Standvögel. Paare halten lange zusammen – 18 Ehejahre sind belegt! Gebrütet wird nur vom Weibchen, das dafür vor allem große Baumhöhlen nutzt. Wo solche fehlen, kann man mit groß dimensionierten Nistkästen (Einflugloch 12 cm) helfen. Seltener legen die Käuze ihre Eier auch in ungestörten Nischen alter Gebäude. Die Jungen verlassen den Nistplatz schon, bevor sie fliegen können, und sitzen als graue „Wollknäuel" im Geäst, wo sie noch wochenlang betreut werden.

Selten zu sehen: Waldkäuze sind gewöhnlich nur nachts unterwegs.

075 Kuckuck
— *Cuculus canorus*

MERKMALE 32–36 cm lang, Spannweite bis zu 60 cm. Grau mit fein quergestreifter Unterseite. Der lange Schwanz fällt besonders beim fliegenden Kuckuck auf, der auch wegen seiner spitzen Flügel einem kleinen Falken ähnelt. Jungvögel und manche Weibchen braun mit eng gestreifter Ober- und Unterseite. Neben dem allbekannten „kuck-uck" noch fauchende Laute („Gauch") und ein laut kichernder Triller.

VORKOMMEN Sommervogel im gesamten Europa, der im tropischen Afrika überwintert. Die Verteilung des Brutparasiten wird wesentlich vom Vorkommen der richtigen Wirtsvogelarten bestimmt. Insektenreichtum ist von Vorteil, vor allem Schmetterlingsraupen werden gefressen. Bevorzugte Lebensräume sind halboffene Landschaften und Waldränder.

WISSENSWERTES Das Weibchen sucht die Wirtsvogelart auf, bei der es selbst aufgewachsen ist. Kleine Singvögel wie Sumpfrohrsänger, Bachstelze und Rotkehlchen sind häufige Wirte. Der junge Kuckuck schlüpft schon nach 13 Tagen und wirft die Eier des Wirtsvogels aus dem Nest – schließlich benötigt er die ganze Nahrung der Zieheltern.

Rohrsänger gehören zu den bevorzugten „Gasteltern" junger Kuckucke.

076

Hohltaube
— Columba oenas

MERKMALE 28–32 cm lang, Spannweite bis zu 66 cm. Auf den ersten Blick einer wildfarbenen Straßentaube gleichend, aber mit grauem Rücken und nur kurzen, schmalen, schwarzen Flügelbändern. Typisch ist ihr fast eulenartig klingender, dumpfer, zweisilbiger Balzruf „ouh-uo".

VORKOMMEN Europa (außer Nordeuropa), im Westen Standvogel, weiter östlich Zugvogel. Nach Mitteleuropa kehrt die Hohltaube bereits im Februar/März zurück.

WISSENSWERTES „Hohl" heißt die Taube wegen ihrer Vorliebe für Höhlen. Diese wiederum verknüpft ihr Schicksal mit Hochwäldern und dem Schwarzspecht, der ebendort für Höhlen der richtigen Dimension sorgt. Auch Faulhöhlen mit einer Öffnung von 10–20 cm werden besiedelt. An der Küste nutzt die Hohltaube sogar Kaninchenbaue. Stadtparks mit altem Baumbestand bieten oft gute Lebensbedingungen für die Art, die auch mit großen Nistkästen unterstützt werden kann. Ihre Nahrung sucht die Taube am Boden. Als Vegetarierin, die vor allem auf Samen und Früchte spezialisiert ist, schätzt sie eine vielfältige Wildkräuter-Flora.

Der Hohltaube fehlt der auffallend weiße Bürzel, den ähnlich gefärbte Straßentauben meist haben.

077 | Haustaube, Straßentaube
— *Columba livia* f. *domestica*

MERKMALE 29–35 cm lang, Spannweite bis zu 68 cm. Viele Straßentauben ähneln der Stammform, der Felsentaube, die überwiegend grau gefärbt ist und zwei kräftige, schwarze Flügelstreifen sowie einen weißen Rückenfleck hat, der im Flug gut erkennbar ist. Aus Felsentauben wurden zahlreiche Rassen von Haustauben gezüchtet, deren verwilderte Nachkommenschaft überaus bunt ausfällt. Stimme: ein ruckendes Gurren.
VORKOMMEN Felsentauben brüten in felsigen Gebieten vor allem in Südeuropa. Die von ihnen abstammenden Straßentauben breiteten sich im Gefolge des Menschen weltweit aus. Als typische Stadtvögel fehlen sie nicht nur in der freien Landschaft, sondern auch in vielen Dörfern.

WISSENSWERTES Bereits seit 6500 Jahren werden Tauben gezüchtet. Nach Mitteleuropa kamen sie in römischer Zeit. Weit verbreitet war die Taubenzucht im Mittelalter; die schmackhaften Vögel waren begehrte Fleischlieferanten. Erst später machte man sich ihr hervorragendes Heimfindevermögen zunutze. Im Jahr 1850 verschaffte sich Paul Reuters – Gründer der großen Nachrichtenagentur – einen Informationsvorsprung durch die schnellen Boten. Die Schweizer Armee löste den militärischen Brieftaubendienst erst im Jahr 1997 auf. Heute haben die Tauben ein schlechtes Image. Weniger als Friedensvogel verehrt denn als „Ratten der Lüfte" denunziert, werden sie in vielen Städten bekämpft, wo sie erhebliche Verschmutzungen und hygienische Probleme verursachen.

Bunte Vielfalt: Kaum eine Haustaube gleicht der anderen, eine Folge der Einkreuzung vieler Farbschläge aus Jahrtausenden Taubenzucht.

In Innenstädten ist Wasser knapp; Brunnen ziehen die Tauben magisch an.

GARTENTIPP

In vielen Städten ist Brot die wichtigste Nahrung der Tauben – obwohl das Füttern von Stadttauben verboten ist und sowohl im heimischen Garten als auch auf städtischen Plätzen oder in Parks unterlassen werden sollte. Eine Nahrungsverknappung hilft langfristig auch den Tauben. Die reichliche, aber einseitige Ernährung verbunden mit mangelnder natürlicher Auslese schlägt sich vor allem in Großstädten in einer gewissen „Verwahrlosung" und einer hohen Kindersterblichkeit von 80–90 % im ersten Jahr nieder.

078 | Ringeltaube
— *Columba palumbus*

MERKMALE 38–43 cm lang, Spannweite bis zu 77 cm. Größte heimische Taube, graublau mit graurosa Brust. Auffälligste Merkmale sind die großen, weißen Flecke an den Halsseiten (fehlen bei Jungtieren), das breite, weiße Querband im Flügel, das bei fliegenden Tauben weithin leuchtet, und die breite, schwarze Schwanz-Endbinde. Typische Lautäußerungen sind der vier- bis fünfsilbige Balzruf „ru-guh gu-gu-guh" und ein auffällig lautes Flügelklatschen, das das Auffliegen oft begleitet.

VORKOMMEN In Wäldern, Parks und Gärten. Im mitteleuropäischen Tiefland gehört die Ringeltaube zu den häufigsten Vogelarten, in Hochlagen ist sie deutlich seltener. Auch bei der vor etwa 150 Jahren einsetzenden „Verstädterung" der Art gibt es regionale

Beim Nestbau lassen Ringeltauben wenig Sorgfalt walten. Manchmal schimmern sogar die Eier durch den Nestboden.

Weiße Halsflecke und Flügelmarken: eindeutig eine Ringeltaube

Unterschiede; sie ist im Norden Mitteleuropas weiter fortgeschritten als im Süden.

WISSENSWERTES Das Nest, unordentlich aus grobem Reisig gebaut und nicht ausgepolstert, hat einen Durchmesser von 30–40 cm. Gebaut wird meist auf Bäumen, in Städten gelegentlich auch an Gebäuden. Ringeltauben legen stets nur zwei weiß glänzende Eier und brüten zwei- bis dreimal im Jahr; dabei kann die Brutsaison bereits im Februar beginnen. Die Nahrung der Tauben ist fast rein pflanzlich: Eicheln, Bucheckern, Getreide- und Wildkrautsamen, Beeren, Blätter. Im Herbst suchen große Schwärme auf Feldern und Wiesen nach Nahrung. Als „Verdauungshelfer" werden kleine Steinchen aufgenommen; im muskulösen Magen helfen sie, die Nahrung zu zerreiben. Nahrung kann im Kropf gespeichert werden. Dieser produziert bei Tauben aber auch eine quarkähnliche Masse, die „Kropfmilch", die als Babynahrung dient. Als Teilzieher überwintern Ringeltauben in milden Wintern auch bei uns. Ziehende Ringeltauben bilden oft große, manchmal Tausende von Vögeln umfassende Schwärme, die mit einer Reisegeschwindigkeit von 60–80 km/h unterwegs sind.

GARTENTIPP
Ringeltauben kommen nur selten an Futterstellen. Dagegen besuchen sie gerne Vogeltränken. Anders als Singvögel, die jeden Schluck durch die Kehle rinnen lassen, saugen Tauben Wasser, ohne abzusetzen.

079 Türkentaube
— Streptopelia decaocto

MERKMALE 31–34 cm lang. Eine kleine, elegante, langschwänzige Taube mit hellgrauem bis beigem Gefieder und schmalem, schwarzem, vorne offenem Halsring. Neben dem dreisilbigen Balzruf „gu guh gu", der vor allem morgens ertönt, ist ein lautes, nasales Krächzen auffällig, das vor allem beunruhigte oder landende Vögel oft hören lassen.

VORKOMMEN Türkentauben haben ihr Verbreitungsgebiet von Vorderasien aus seit ca. 1930 sehr stark ausgedehnt und sind heute in Mitteleuropa allgegenwärtig. Die Art, die 1945 erstmals in Deutschland brütete, liegt hierzulande inzwischen auf Rang 15 der häufigsten Vogelarten. Die typischen Kulturfolger leben fast ausschließlich im Bereich der Siedlungen. Besonders schätzen sie die gartenreichen Vorstädte. Meist sind Türkentauben hier als Paar unterwegs. Im Winter kann man an futterreichen Orten wie Bauernhöfen oder zoologischen Gärten auch kleine Schwärme beobachten.

GARTENTIPP
Trotz ihrer südlichen Herkunft trotzen die Tauben dem Winter und besuchen dann nicht selten auch Futterstellen, wo sie gerne Sonnenblumenkerne fressen. Auch an der Vogeltränke und am Gartenteich sind sie regelmäßig zu Gast. Bevorzugte Sitzplätze der Brutvögel sind Fernsehantennen, von denen aus sie immer wieder mit lautem Flügelklatschen zum reviermarkierenden Ausdrucksflug starten.

Je nach Temperatur ändert sich das Erscheinungsbild: bei Minusgraden (linke Seite) rundlich aufgeplustert, bei Hitze schlank und elegant.

WISSENSWERTES Türkentauben können fast ganzjährig brüten. Frühbrüter bauen ihre dünne Nestplattform aus Reisig gerne in Nadelbäumen. Sie gehören deshalb zu den Arten, die Koniferen und die im Naturgarten eigentlich besonders verpönte Thuja durchaus schätzen. Nach dem Laubaustrieb bevorzugen allerdings auch die Türkentauben Laubbäume. Selbst an Gebäuden brüten diese Tauben. Viele Nester werden mehrmals benutzt. Bei bis zu sechs Bruten pro Jahr werden jeweils zwei Eier gelegt. Unter der Vielfalt verschiedener Samen, Früchte und Blätter, welche die Nahrung der Türkentaube ausmachen, spielen Getreidearten eine große Rolle. Insekten werden nur gelegentlich gefressen. Wie bei allen Tauben helfen Magensteinchen bei der Zerkleinerung der Nahrung.

Kein Respekt vor hohen Häuptern: Belebte Stadtparks gehören zu den Lieblingsplätzen der Türkentauben.

080 Flussuferläufer
— Actitis hypoleucos

MERKMALE 18–20,5 cm lang, Spannweite bis zu 35 cm. Mittelgroßer Watvogel mit – für einen Watvogel – eher kurzen Beinen, Schnabel und Hals. Oberseite und Hals bis zur Brust braun, Unterseite leuchtend weiß. In geduckter Haltung und ständig wippend emsig an Gewässerrändern stochernd. Sehr charakteristisches Flugbild mit schwirrenden Flügelschlägen und kurzen Gleitstrecken, bei denen die mit einem weißen Streif gezeichneten Flügel stark nach unten gebogen sind. Dabei ist oft ein helles „hi-di-dii" zu hören.
VORKOMMEN Sommervogel in ganz Europa. In Mitteleuropa seltener Brutvogel an naturbelassenen Flüssen. Während der Zugzeiten (Heimzug Ende April/Mai, Wegzug Juli/September) weit weniger anspruchsvoll und auch an Parkteichen Rast machend.

WISSENSWERTES Flussuferläufer ziehen wie die meisten Watvögel überwiegend nachts. Ihre typischen Rufe sind dann nicht selten am Himmel zu hören. Dabei werden erstaunliche Etappen zurückgelegt; für den Flussuferläufer sind 740 km als Tagesleistung belegt.

Fliegende Flussuferläufer zeigen einen auffälligen weißen Flügelstreif.

081 Silbermöwe

— *Larus argentatus*

MERKMALE 54–60 cm lang, Spannweite bis zu 148 cm. Bussardgroße, weiße Möwe mit grauem „Mantel" und schwarz-weiß gemusterten Flügelspitzen. Schnabel kräftig, gelb mit rotem Fleck. Beine rosa. Jungtiere ganz braun; erst nach Ablauf von drei Jahren (also im vierten Lebensjahr) ausgefärbt. Kopf im Winter bräunlich gestrichelt. Lauter Ruf „kiau".

VORKOMMEN An den Küsten West-, Mittel- und Nordeuropas in großen, meist auf Inseln gelegenen Kolonien brütend. Im Winter auch an nahrungsreichen Plätzen im Binnenland. Die früher gebräuchlichen, offenen Müllplätze lockten oft Tausende von Tieren an.

WISSENSWERTES Von Süden her dehnt die ähnlich gefärbte Mittelmeermöwe *(Larus michahellis)* ihr Verbreitungsgebiet nach Mitteleuropa aus und brütet an Seen in Süddeutschland. Sie unterscheidet sich von der Silbermöwe auf den ersten Blick durch gelbe Beine und etwas dunkleren „Mantel". Ganz dunkel ist der Mantel bei der an der Küste brütenden, gelbbeinigen Heringsmöwe *(Larus fuscus)* und bei der wesentlich größeren Mantelmöwe *(Larus marinus)*.

Silbermöwen sind Meister des dynamischen Segelflugs und können Aufwinde an kleinsten Hindernissen nutzen.

082

Lachmöwe
— Chroicocephalus ridibundus

MERKMALE 35–39 cm lang, Spannweite bis zu 100 cm. Kleine, grazile Möwe mit schmächtigem Schnabel. Im Prachtkleid (März bis August) unverkennbar mit dunkelbrauner Gesichtsmaske, vorne offenem, weißem Augenring und roten Beinen, im Schlichtkleid mit weißem Kopf und schwarzem Ohrfleck. Flügel vorne mit blendend weißem Dreieck und schmalem, schwarzem Hinterrand. Jungvögel, zunächst braun-grau gemustert und mit schwarzer Schwanzendbinde, wechseln zum Ende des nächsten Sommers ins Alterskleid. Typische Stimme, laut und kreischend „krre-ääh".

Jungvogel

VORKOMMEN Häufigste europäische Binnenlandsmöwe, in vor Bodenfeinden wie dem Fuchs geschützten, großen Kolonien mit oft mehreren Tausend Paaren in der Verlandungszone von Seen brütend. Seit einigen Jahrzehnten auch an der Küste kopfstarke Kolonien. Während der Brutzeit auf einen Radius von etwa 30 km um die Brutkolonie beschränkt, später an allen Seen und Flüssen, gerne auch in Stadtparks.

WISSENSWERTES In Brutkolonien der Lachmöwen herrscht nie Ruhe. Brüten im Meter-Abstand bringt nämlich ein erhebliches Konfliktpotenzial mit sich. Das beginnt schon beim Diebstahl von Baumaterial für die meist aus Pflanzenstängeln gebauten Bodennester. Einig sind sich die Möwen aber, wenn es gilt, einen Feind abzuwehren. Greifvögel werden

Im Winter mangels brauner Maske nicht ganz so leicht zu erkennen, wie im Sommer: die Lachmöwe.

Die Flugkünste der außerhalb der Brutzeit wenig scheuen Lachmöwe lassen sich an Parkseen oft aus nächster Nähe bewundern.

heftig attackiert und abgedrängt. Davon profitieren auch andere: Viele Entenarten, aber auch andere Wasservögel wie der Schwarzhalstaucher, brüten gerne inmitten der Möwen. Auch wenn Lachmöwen als ausgesprochene Allesfresser Eier und Küken nicht verschmähen: Der Vorteil überwiegt. Im Nahrungserwerb sind Lachmöwen überaus findig: Traktoren folgend, fressen sie Regenwürmer – diese stellen oft die Hauptnahrung –, hoch in der Luft erbeuten sie schwärmende Ameisen, sie jagen anderen Wasservögeln die Beute ab, sammeln Insekten ebenso auf wie Krebstiere oder kleine Fische. Und schließlich lassen sie sich in Stadtparks gerne von Menschen füttern, zugeworfene Brocken geschickt aus der Luft fangend.

083 Teichhuhn
— *Gallinula chloropus*

MERKMALE 27–31 cm lang. Dunkel gefärbt mit blauschwarzer Unterseite und dunkelbrauner Oberseite, dazwischen ein weißes Seitenband. Kurzer Schwanz, der häufig zuckend gestelzt wird und dann zwei auffällig weiße „Rücklichter" zeigt. Altvögel mit rotem Schnabel mit gelber Spitze und schmutziggrünen Beinen mit sehr langen Zehen. Jungvögel kontrastarm hellbraun, aber auch mit weißem Unterschwanz. Durchdringende Rufe „kjürk!".

VORKOMMEN Außer im hohen Norden in ganz Europa verbreitet. In Mitteleuropa ganzjährig, im Osten Zugvogel. Fast ausschließlich in Gewässernähe und dort überwiegend in der dichten Ufervegetation unterwegs.

WISSENSWERTES In der „freien Wildbahn" sind Teichhühner gewöhnlich sehr scheu und oftmals eher zu hören als zu sehen. Ganz anders in Stadtparks. Dort lassen sich die kleinen Rallen aus nächster Nähe beobachten. Auch hier halten sie sich meist in der Ufervegetation auf, wo sie mit ihren langen Zehen auch ganz geschickt klettern. Bei Beunruhigung verschwinden sie sofort zwischen den Pflanzen. Beim Überqueren größerer offener Wasserflächen fühlen sie sich sichtlich unwohl. Schwimmend nicken sie heftig mit dem Kopf und zucken mit dem Schwanz. Teichhühner, im Winter untereinander durchaus friedlich, sind während der Brutzeit streng territorial. Bei Auseinandersetzungen an

Jungvogel

Teichhuhnküken sind Nestflüchter, die schon vom ersten Tag an schwimmen können.

der Reviergrenze werden sowohl die roten Schnäbel als auch der leuchtend weiße Unterschwanz auffällig präsentiert. Notfalls folgen Tätlichkeiten.

Die Nester liegen gut versteckt in der Ufervegetation. Die Küken sind bis auf die bunten, nackten Köpfe und Schnäbel ganz schwarz. Auch hier spielen die Farben eine große Rolle als Signale: Sie lösen Fütterung und Führung aus. Die Rallen brüten meist zwei- oder gar dreimal pro Jahr. Bei der Aufzucht der Jungen aus späteren Bruten können die älteren Geschwister helfen. Teichhühner sind Gemischtköstler; pflanzliche Nahrung überwiegt, ergänzt durch Schnecken, Insekten(larven) und Würmer. Ein großer Teil der Nahrung wird an Land oder im Bereich der Uferlinie gesucht; getaucht wird eher selten.

Teichhühner – vorne ein junger, hinten ein ausgefärbter Vogel – bleiben auch im Winter hier.

084

Blässhuhn
— Fulica atra

MERKMALE 36–42 cm lang. Mattschwarz mit leuchtend weißem Schnabel und Stirnschild. Beine grünlich mit langen Zehen, die seitlich durch Lappen verbreitert sind. Küken schwarz mit blau-rotem, nacktem Kopf und gelber Halskrause. Jungvögel braun mit weißlichem Vorderhals und Brust. Lautstarkes Tuten wie „köw" und ein trockenes „pix" sind die häufigsten Lautäußerungen.

VORKOMMEN In ganz Europa an Binnengewässern. Zur Brutzeit territorial, später oft große Schwärme bildend.

WISSENSWERTES Blässhühner haben von der zunehmenden Anreicherung der Gewässer mit Nährstoffen (Eutrophierung) profitiert. Das dadurch angeheizte Pflanzenwachstum verbessert die Versorgung der hauptsächlich von Algen und anderen Wasserpflanzen lebenden Schwimmvögel. Auch außerhalb des Wassers gehen Blässhühner auf Nahrungssuche. Ihre aus Pflanzenstängeln der nächsten Umgebung erstellten Nester liegen an der Wasserseite der Ufervegetation; nicht selten werden auch Schwimmnester für die fünf bis zehn dunkel gepunkteten Eier gebaut.

Das kontrastreiche Schwarz-Weiß zeigen erst die Altvögel (links).

085

Baumfalke
— Falco subbuteo

MERKMALE 29–35 cm lang, Spannweite bis zu 84 cm. Sowohl in Färbung als auch mit der fast mauerseglerartigen Silhouette – schlanker Körper und sehr lange, schmale Flügel – ein ungewöhnlich eleganter, kleiner Greifvogel. Altvögel mit dunkel schiefergrauer Oberseite, kräftig gefleckter Unterseite, rostroten „Hosen" und schwarzer Kappe. Im Flug oft ganz dunkel wirkend.

Stark gefleckte Unterseite, rote Hosen und ein überaus schnittiges Flugbild kennzeichnen den Baumfalken.

VORKOMMEN Im südlichen Afrika überwinternder Zugvogel, der fast ganz Europa besiedelt und sich hier von Ende April bis Ende September aufhält. Typische Lebensräume sind offene Landschaften mit einzelnen Bäumen oder lichte Wälder.

WISSENSWERTES Besonders gerne jagt der Baumfalke über Feuchtgebieten. Dort findet sich auch seine Lieblingsbeute bevorzugt ein: Schwalben und Libellen. Erscheint ein Baumfalke, bemerkt man das nicht selten an der Panikreaktion der Schwalben, die lautstark auf den Feind aufmerksam machen. Selbst Mauersegler vermag der rasante Flieger zu erbeuten. Da Falken kein Nest bauen, sucht sich der Baumfalke ein vorjähriges Krähennest, um seine Brut großzuziehen.

086 Turmfalke
— *Falco tinnunculus*

MERKMALE 31–37 cm lang, Spannweite bis zu 78 cm. Kleiner Greifvogel mit langen, schmalen Flügeln und langem Schwanz. Männchen recht bunt: graue Kappe, brauner, gefleckter Rücken, dunkle Schwingen, helle Unterseite mit kräftiger Fleckung und grauer Schwanz mit schwarzer Endbinde. Weibchen überwiegend braun, stark gefleckt. Laute, scharfe Rufe „ki-ki-ki …", die man vor allem in der Nähe des Brutplatzes hört.
VORKOMMEN Turmfalken tragen ihren Namen zu Recht: Sie brüten gerne an Gebäuden und nisten selbst mitten in Großstädten. Dort können sie das ganze Jahr über beobachtet werden.
WISSENSWERTES Falken bauen keine Nester. Sie greifen deshalb auf „Altbauten" zurück, verlassene Krähennester zum Beispiel.

Kurz vor dem Ausfliegen: Junge Turmfalken sitzen vor ihrem ins Gebäude eingebauten Nistkasten.

Erfolgreiche Jagd: Ein Weibchen hat eine Maus erwischt. Das Männchen (linke Seite) ist bunter gefärbt.

Auch Felswände sind beliebte Brutplätze. Häufiger noch aber nutzen sie Gebäudenischen, gerne an Türmen, die guten Überblick bieten. Am liebsten fressen Turmfalken Mäuse, daneben auch andere kleine Bodentiere wie Eidechsen oder große Insekten. Typische Jagdstrategie ist der Rüttelflug, bei dem die Vögel mit gespreiztem Schwanz und schnellen Flügelschlägen „in der Luft hängen" und nach Beute Ausschau halten. Daneben spielt auch die Jagd vom Ansitz aus eine große Rolle. Dazu schätzen die Falken frei in der offenen Landschaft stehende Einzelbäume oder Masten. Brüten die Falken mitten in der Stadt, haben sie oft eine weite Anreise zum Jagdgebiet; manche Stadtfalken verlegen sich deshalb auch auf die Vogeljagd, sonst eher das Metier des Sperbers (S. 170).

GARTENTIPP

Ein Nistkasten für Turmfalken sollte für die rasanten Flieger gut zugänglich aufgehängt werden. Er kann auch im Inneren des Dachbodens montiert werden; dann genügt eine etwa 12 × 18 cm große Öffnung als Eingang. An Hochhäusern wurden auch schon Balkon-Blumenkästen von den Falken als Kinderstube genutzt. Wettergeschützte Balkenköpfe können als Übernachtungsplätze dienen. Unter ihnen findet man dann morgens am Boden oft die fast komplett aus Mäusehaaren bestehenden Gewölle der Falken.

087 | Wanderfalke
— Falco peregrinus

MERKMALE Männchen 38–45 cm lang, Weibchen 46–51 cm, Spannweite bis zu 113 cm. Bullig wirkender, großer Falke mit (beim ausgefärbten Altvogel) schwarzer Kappe samt auffälligem Bartstreif, schiefergrauer Oberseite und fein quergebänderter, heller Unterseite. Flügel mit breitem Ansatz, aber spitz endend. Kann enorm beschleunigen und wirkt auch beim langsameren Streckenflug sehr kraftvoll.

VORKOMMEN Fast weltweit verbreitet; in Mitteleuropa heute meist Felsbrüter, als Gebäudebrüter – zum Beispiel am Kölner Dom – auch in Großstädten. An der Nordseeküste vor allem im Winter, aber als Folge von Auswilderungsaktionen dort auch Bruten, die zum Teil auf dem Boden stattfinden.

WISSENSWERTES Der Wanderfalke war lange ein Sorgenkind des Naturschutzes. Weltweit schwanden die Bestände. Neben direkter Verfolgung waren Biozide verhängnisvoll, die sich in den Vogeljägern – Endgliedern der Nahrungsketten – anreicherten. Inzwischen kann man die im Sturzflug als schnellste Vögel überhaupt geltenden Falken selbst in Großstädten wieder jagen sehen. Ihre Lieblingsbeute: Stadttauben.

Jüngere Wanderfalken haben eine dunklere, längsgestreifte Unterseite.

088 Rotmilan
— *Milvus milvus*

MERKMALE 61–72 cm lang, Spannweite bis zu 165 cm. Großer, schlanker Greifvogel, der an seinem langen, tief gegabelten, rostroten Schwanz und den schmalen Flügeln ebenso leicht zu erkennen ist wie an seinem kontrastreichen Gefieder. Jagdflug niedrig mit lässigen Bewegungen. Im Brutgebiet pfeifende Rufe, vor allem ein langgezogenes, auf und absteigendes „wiiiuh – wiuh wiuh wiuh".

VORKOMMEN Die Hälfte der Weltpopulation dieses überwiegend mittel- und südeuropäisch verbreiteten Greifvogels brütet in Deutschland! Die meisten Rotmilane verbringen den Winter in Südwesteuropa, treffen bei uns aber schon im März wieder ein, wo sie auf ihre in zunehmender Zahl hier überwinternden Artgenossen treffen.

WISSENSWERTES Bevorzugte Lebensräume sind reich gegliederte, offene Landschaften mit einzelnen Waldstücken; Horste werden im Inneren des Waldes in Altholz gebaut. Jagend kann sich der Rotmilan 5–10 km vom Brutplatz entfernen. Er nimmt, was er kriegt; die Obergrenze liegt bei Kaninchengröße. Auch Aas wird gerne gefressen.

Der lange Schwanz fällt auch bei sitzenden Vögeln sofort auf.

089 | Schwarzmilan
— Milvus migrans

MERKMALE 48–58 cm lang, Spannweite bis zu 155 cm. Einfarbig dunkel wirkender, etwa bussardgroßer Greifvogel; bei guter Beleuchtung wird ein helles Feld in der Außenhälfte der Flügelunterseite sichtbar. Die Schwanzgabelung ist schwächer als beim Rotmilan. Sie verschwindet ganz, wenn die Schwanzfedern weit gespreizt werden. Wiehernde Rufe.

Im Vergleich zum Rotmilan (S. 167) wirkt der Schwarzmilan fast einfarbig braun.

VORKOMMEN Wie der Rotmilan ist auch der sehr weit verbreitete und in Europa nur den Norden meidende Schwarzmilan ein Vogel offener Landschaften mit Waldstücken und Einzelbäumen. Er überwintert im tropischen Afrika, von wo er im April zurückkehrt.

WISSENSWERTES Schwarzmilane sind nicht wählerisch, was ihre Nahrung anbelangt. Müllplätze ziehen sie ebenso an wie Straßen, auf denen Aas zu finden ist. Geschickt jagen sie anderen Greifvögeln die Beute ab. Am liebsten fressen sie jedoch bereits tot gefundene Fische. Das erklärt auch ihre Liebe zum Wasser, wo sie systematisch die Ufer nach angeschwemmten Fischen absuchen. Nur selten brütet der Schwarzmilan abseits von Flüssen oder Seen.

090 | Wespenbussard
— Pernis apivorus

MERKMALE 52–59 cm lang, Spannweite bis zu 135 cm. Im Flug auf den ersten Blick einem Mäusebussard gleichend, aber durch schlankere Gestalt, schmalere Flügel, längeren Hals und Schwanz und beim Segeln leicht nach unten durchgedrückte Schwingen unterscheidbar. Kennzeichnend ist auch die Schwanzzeichnung mit zwei schmalen, dunklen Binden an der Basis und einer breiten Endbinde.

VORKOMMEN Sommervogel, von Mai bis September im europäischen Brutgebiet, im tropischen Afrika überwinternd.

WISSENSWERTES Wer sich wie der Wespenbussard auf den Verzehr von Insekten – in seinem Falle vor allem soziale Wespen – spezialisiert hat, der muss wandern. Denn Nahrung gibt es hierzulande nur im Sommer. Sehen Sie im September einen besonders großen Bussardtrupp am Himmel kreisen, sollten Sie die Merkmale prüfen – wahrscheinlich haben Sie ziehende Wespenbussarde über sich. Zahlreiche Anpassungen wie wenig gekrümmte Krallen, schlanker Schnabel und schlitzförmige Nasenlöcher erleichtern das Ausgraben der Wespennester und Plündern der Waben.

Nicht alle Wespenbussarde sind so hell wie dieser. Typisch für die Art ist die Schwanzzeichnung.

091 Sperber
— *Accipiter nisus*

MERKMALE Männchen 29–34 cm lang, Weibchen 35–41 cm, Spannweite bis zu 80 cm. Kleiner Greifvogel mit kurzen, stumpfen Flügeln und langem Schwanz, der vier bis fünf breite Bänder aufweist. Ausgefärbte Männchen blaugrau mit rostrot gebänderter Unterseite, Weibchen grau mit heller, sehr dicht quergestreifter Unterseite, Jungvögel braun mit gröberen Bändern.
VORKOMMEN Sperber brüten in Wäldern, auch in größeren Feldgehölzen. Die Horste werden in mittlerer Höhe auf Bäumen gebaut; Fichten werden dabei bevorzugt. Vor allem zur Zugzeit und während der Wintermonate sind Sperber sehr häufig im Bereich von Dörfern und gartenreichen Vorstädten unterwegs.

WISSENSWERTES Die spezialisierten Singvogeljäger setzen auf Überraschung: Mit hastigen Flügelschlägen schießen sie aus der Deckung und schlagen blitzschnell zu. Das zierliche Männchen bevorzugt Beute in Sperlings- und Finkengröße, das kräftige Weibchen eher das Drosselformat. Die Obergrenze liegt bei etwa 500 g; so viel wiegt eine Ringeltaube (S. 152). Kleinsäuger wie Mäuse spielen nur in ausgesprochenen „Mäusejahren" eine Rolle, wenn sie sich förmlich aufdrängen. Kein Wunder also, dass gut besuchte Futterplätze für den Sperber sehr attraktiv sind. Rupfungen zeugen von einer erfolgreichen Jagd. Säuberlich ausgerupfte Federn belegen, dass hier ein Greifvogel am Werk war – Katzen oder Marder beißen die Federkiele dagegen einfach ab. Als Singvogeljäger wurden

Sperberweibchen (linke Seite oben ein braun gefärbter Jungvogel mit erbeuteter Singdrossel) sind viel größer als die bunteren Männchen.

die Sperber früher selbst zu vogelfreien Gejagten: Sogar Vogelschützer riefen damals zum Kampf gegen den „Singvogelmörder" auf. Rücksichtslose Verfolgung führte zu schweren Bestandseinbußen. Ein wesentlicher Einfluss auf die Singvogelbestände ist aber nicht zu befürchten, eine Erkenntnis, die dafür gesorgt hat, dass der Sperber konsequent geschützt wurde und inzwischen wieder auf dem aufsteigenden Ast ist.
Entdecken Kleinvögel einen der kleinen Greifvögel, warnen sie mit hohen, durchdringenden „zieh"-Rufen – auch für den menschlichen Beobachter ein guter Hinweis auf einen Sperber. Dann lohnt ein Blick nach oben: Sperber kreisen gerne in engen Runden, wobei kurze Gleitphasen immer durch einige schnelle Flügelschläge unterbrochen werden.

Kurze, runde Flügel, ein langer Schwanz und hastige, flache Flügelschläge kennzeichnen den Sperber im Flug.

092 | Mäusebussard
— Buteo buteo

MERKMALE 46–58 cm lang, Spannweite bis zu 132 cm. Wegen ihrer extrem variablen Färbung bereitet der Mäusebussard, einer unserer häufigsten Greifvögel, oft Bestimmungsprobleme. Von nahezu einfarbig Dunkelbraun bis zu fast ganz Weiß reicht das Spektrum. Besser ist es, sich auf die Gestalt zu verlassen: Mäusebussarde sind ziemlich plump gebaut, breitflüglig und eher kurzschwänzig, beim ausdauernden Segeln werden die Schwingen leicht V-förmig gehalten. Oft hört man ihren laut miauenden Ruf „hiähhh".
VORKOMMEN Über ganz Europa verbreitet; in Mitteleuropa ganzjährig zu beobachten.
WISSENSWERTES Zwar liegen die Horste des Mäusebussards im Wald, Nahrung sucht er aber fast ausschließlich in offener Landschaft. Seinen Namen trägt er nicht von ungefähr: Er frisst überwiegend Wühlmäuse, vor allem Feldmäuse. Oft behält er die Umgebung von einer Sitzwarte aus im Auge oder er setzt aus niedrigem Pirschflug zum Anflug auf die Beute an. Balzend oder ziehend kreisen Mäusebussarde dagegen, die Thermik nutzend, oft hoch in der Luft.

Mäusebussarde sind sehr variabel.

093 | Kormoran
— Phalacrocorax carbo

MERKMALE 77–94 cm lang, Spannweite bis zu 149 cm. Im Prachtkleid glänzend schwarz mit weißer Kopfzeichnung und Schenkelflecken. Jüngere Vögel braun mit hellem Bauch. Schwimmend liegen Kormorane sehr tief im Wasser und recken Kopf und den kräftigen, vorne hakenförmigen Schnabel schräg nach oben. Fliegend haben sie durch langen Hals und Schwanz eine Kreuzgestalt. Ähnlich Gänsen formieren sie sich im Flug oft zu Keilen oder Ketten.

VORKOMMEN Kormorane ernähren sich ausschließlich von Fisch (300–500 g/Tag) und sind vor allem an größeren Binnengewässern und der Küste anzutreffen. Der sozial lebende Vogel brütet in großen Kolonien auf Bäumen, die wegen des scharfen Kots oft absterben, und trifft sich auch während des Winters auf Schlafbäumen. Zunehmend auch in kleineren Gewässern und selbst in städtischen Parkteichen jagend.

WISSENSWERTES Gnadenlose Verfolgung ließ den Kormoran selten werden. Konsequenter Schutz hat ihn direkt aus den Roten Listen der gefährdeten Arten in die Schlagzeilen gebracht, wo er als „Fischräuber" gebrandmarkt wird.

Von schwimmenden Kormoranen ist oft nicht viel mehr als Kopf und Hals zu sehen.

094 | Weißstorch
— *Ciconia ciconia*

MERKMALE 95–110 cm lang, Spannweite bis zu 217 cm. Sehr großer, kräftig gebauter, schwarzweißer Schreitvogel mit langem, rotem Schnabel (bei Jungen schwärzlich) und roten Beinen, die bei fliegenden Störchen den Körper weit überragen. An heißen Sommertagen sind Storchenbeine weiß, weil sie zur Kühlung gezielt bekotet werden. Segelt häufig und zwar anders als der Graureiher (S. 176) mit ausgestrecktem Hals. Bei fliegenden Störchen kontrastieren der weiße Körper und die Vorderflügel auffallend mit den schwarzen Schwungfedern. Klappert statt zu rufen.

VORKOMMEN Ein in Europa weit verbreiteter Vogel der offenen Kulturlandschaft, der vor allem ausgedehnte Feuchtwiesen schätzt, wo er auf Amphibien-, Insekten-, Mäuse- und

Auch im Flug sind Weißstörche durch die markante Schwarz-Weiß-Verteilung, den langen Hals und die weit über den Schwanz gestreckten Beine unverwechselbar.

Das Klappern gehört auch bei Paaren, die sich schon lange kennen, zum Begrüßungsritual.

Regenwurmjagd geht. Störche sind Zugvögel, die in Mitteleuropa im März/April eintreffen und es im August/September wieder verlassen. Südwestdeutsche Vögel ziehen über die Iberische Halbinsel nach Westafrika, ostdeutsche nehmen meist die Route über den Bosporus und überwintern in Ost- oder Südafrika, mehr als 10 000 km von ihrer Brutheimat entfernt!

WISSENSWERTES Die Stützung der schwindenden Storchenbestände durch nachgezüchtete und ausgesetzte Vögel hat ebenso wie der Klimawandel auch Auswirkungen auf das Zugverhalten: Manche Störche verlassen die Brutheimat nicht mehr oder überwintern bereits im Mittelmeerraum. Kälte ist dabei ein kleineres Problem als Nahrungsknappheit, der man oft durch Futterangebote begegnen muss. Für Aufsehen erregende neue Erkenntnisse über die Zugwege und Rastgewohnheiten der Weißstörche haben mit Sendern versehene und über Satellit geortete Vögel in den letzten Jahren gesorgt. Sie zeigen, dass der Zug der Störche weit weniger schematisch verläuft als angenommen. Einzelne Störche können zum Beispiel in einem Jahr in Ostafrika überwintern, im nächsten bis Südafrika ziehen. In Mitteleuropa brüten fast alle Störche auf Gebäuden. Das hat fatale Nebenwirkungen: Für so manchen Jungstorch endet der erste Flug bereits in einem der unzähligen Drähte, die unsere Siedlungen durchziehen. Wie viele Vögel zieht es auch Störche an den Ort ihrer Geburt zurück. Später brüten sie oft Jahr für Jahr im selben Nest. Das weiß man durch die Beobachtung beringter Störche.

095 | Graureiher
— *Ardea cinerea*

MERKMALE 84–102 cm lang, Spannweite bis zu 175 cm. Grau, schlank, mit langem (aber oft eingezogenem) Hals, langen Beinen und Dolchschnabel. Altvögel kontrastreich mit weißer Stirn, schwarzem Federschopf, hellem Hals, zur Paarungszeit auch mit gelbem Schnabel, Jungvogel verwaschener gefärbt. Fliegt mit S-förmig gekrümmtem Hals mit schweren, langsamen Flügelschlägen, segelt fast nie. Ziehende Reiher bilden oft V-Formationen und fliegen auch im Dunkeln. Vor allem in der Dämmerung und nachts lassen sie ein sehr lautes, krächzendes „kräich" hören.

VORKOMMEN Graureiher sind in erster Linie Vögel der Binnengewässer, die ganz überwiegend von Fischen leben, doch trifft man sie – besonders im Winter – auch Mäuse jagend auf Wiesen und Feldern. Sie sind in Europa vor allem im Tiefland weit verbreitet und in Mitteleuropa die bei weitem häufigste Reiherart. Ihre Brutkolonien legen sie meist auf Bäumen an, die nicht unbedingt direkt am Wasser stehen müssen. Die großen Nester

GARTENTIPP
Gartenteichbesitzer sehen den Reiher mit einem lachenden und einem weinenden Auge. Über den Teich gespannte Drähte können Übergriffe verhindern, sehen aber nicht sehr schön aus. Besser ist, auf Goldfische zu verzichten, was Gartenteiche auch ökologisch aufwertet und damit für den Naturschutz attraktiver macht.

Bei der Reparatur der Nester sind kleinere Übergriffe an der Tagesordnung. Nirgends lässt sich Baumaterial leichter gewinnen als beim Nachbarn.

Zur dezenten Schönheit tragen Schmuckfedern am Scheitel und lange Mantelfedern auf dem Rücken bei.

aus groben Knüppeln und Reisig können über Jahre benutzt werden.

WISSENSWERTES Regloses Warten ist eine der großen Stärken des grauen Fischjägers. Wie eingefroren steht er im seichten Wasser, bevor er blitzschnell zuschlägt. Seine zweite Jagdtechnik besteht in bedächtigem, steifbeinigem Schreiten; entdeckt er Beute, beugt er sich zunächst langsam vor, dann folgt wieder die schnelle Fangbewegung. Die gefangenen Fische werden im Schnabel so lange gewendet, bis sie mit dem Kopf voran am Stück verschluckt werden – größere Beutestücke sieht man deutlich den schlanken Hals hinuntergleiten. An Parkseen lassen sich die Reiher oft aus wenigen Metern Entfernung beobachten. Das war vor wenigen Jahrzehnten noch undenkbar, als die Reiher als Fischereischädling stark verfolgt und deshalb extrem scheu und viel seltener waren. Die Nahrung der Reiher besteht übrigens ganz überwiegend aus fischereiwirtschaftlich nicht interessanten Arten („Weißfische"), wobei eine Größe von 5–25 cm bevorzugt wird. Nur Aale dürfen auch länger sein – sie sind so schlank, dass auch noch Halbmetertiere durch den dünnen Reiherhals passen.

Reiher fliegen mit eingezogenem Hals.

096 | Zwergtaucher
— *Tachybaptus ruficollis*

MERKMALE 23–29 cm lang. Sehr klein und oft wie ein Korken hoch auf dem Wasser schwimmend, mit feinem Schnabel, kurzem Hals und rundlichem Körper, der in einem plüschigen Heck endet. Im Prachtkleid sehr dunkel mit braunrotem Hals und hellem Schnabelwinkel, im Winter hellbraun mit dunkler Oberseite. Ein lauter, klarer Triller verrät den kleinen Taucher am Brutgewässer.

Zwergtaucher im Prachtkleid (unten) und im unauffälligeren Ruhekleid (oben)

VORKOMMEN An europäischen Binnengewässern mit dichter Ufervegetation – Flüssen, Seen, Teichen, auch Gewässern in Stadtparks – weitverbreitet. Zur Brutzeit oft sehr versteckt, im Winter dagegen meist in kleinen, lockeren Trupps auf offenen Gewässern und dann leichter zu beobachten.

WISSENSWERTES Mit einem kleinen Luftsprung und ohne zu spritzen verschwindet der Taucher bis zu einer halben Minute unter Wasser, um dann bis zu 40 m entfernt wieder zu erscheinen. Er sucht Insektenlarven und jagt kleine Fische. Fühlt sich der Zwergtaucher bedroht, flüchtet er in die Ufervegetation, geht dort auf Tauchstation und streckt nur von Zeit zu Zeit den Kopf über Wasser.

097 Jagdfasan
— *Phasianus colchicus*

MERKMALE 70–90 cm lang, Weibchen 55–70 cm lang. Durch den extrem langen Schwanz und den hektisch schnurrenden Flug leicht erkennbar. Bei brauner Grundfärbung mit dunkler Schuppung haben Männchen einen schwarzgrün und purpur glänzenden Kopf mit nackten, roten Seiten, oft auch einen weißen Halsring. Weibchen braun gemustert. Der typische Ruf, ein lautes, zweisilbiges „göö-gock", endet mit einem weit hörbaren, polternden Flügelschlagen.
VORKOMMEN Fasane sind in Mitteleuropa nicht heimisch, sondern seit Jahrhunderten als Jagdwild in der offenen Agrarlandschaft eingebürgert, in der deckungsbietende Raine und Hecken nicht fehlen dürfen. Vielerorts halten sich die Bestände aber nur, wenn immer wieder ausgesetzt und gefüttert wird.

Rufender Fasanenhahn

WISSENSWERTES Junge Fasane sind Nestflüchter. Sie folgen der Henne schon vom ersten Lebenstag an und können nach zehn bis zwölf Tagen bereits fliegen. Anfangs fressen sie überwiegend Insekten, um dann wie ihre Eltern zu Vegetariern zu werden.

098 | Höckerschwan
— Cygnus olor

MERKMALE 140–160 cm (davon bis zu 80 cm Hals) lang, Spannweite 200–240 cm. Altvögel weiß mit rotem Schnabel und schwarzem Stirnhöcker, der bei Männchen größer ist als bei Weibchen. Küken meist grau (seltener weiß), Jungvögel graubraun. Selten zu hören, meist mit leise schnarchenden Lauten; auffallend laut sausendes Flügelgeräusch.
VORKOMMEN An Binnenseen und an der Ostseeküste weitverbreitet. Das ursprüngliche Verbreitungsgebiet wurde durch Ansiedlung in Parks stark ausgeweitet.
WISSENSWERTES Im umfangreichen Schwanennest liegen meist fünf bis acht große, weiße Eier, die etwa 40 Tage lang bebrütet werden – ein Job, den das Weibchen alleine erledigt. Das Männchen sorgt derweil für Sicherheit im Brutrevier. Lassen sich Eindringlinge nicht durch die, mit imposant hochgestellten Schwingen, heranrauschenden Vögel abschrecken, werden sie mit dem Schnabel oder mit Flügelschlägen attackiert. Nach der Brutzeit versammeln sich die Schwäne an günstigen Orten zu Hunderten zum Gefiederwechsel, der sie einige Zeit flugunfähig macht.

Höckerschwäne gehören zu den schwersten, flugfähigen Vögeln der Erde. Schon von weitem machen sie durch ihren Fluglärm auf sich aufmerksam.

099

Graugans
— Anser anser

MERKMALE 74–84 cm lang, Spannweite bis zu 168 cm. Größte europäische Wildgans, massig gebaut mit kräftigem, keilförmigem, blassorangem bis rosa Schnabel, Beine blassrosa. Bei fliegenden Gänsen fallen die hellen Vorderflügel auf. Sehr lautes, meist dreisilbiges, nasales Gackern „gaah-ga-ga".
VORKOMMEN Wilde Graugänse brüten zerstreut vor allem im nördlichen und östlichen Europa. Im Sommer leben sie in Feuchtgebieten, im Winter suchen sie oft auf Äckern nach Nahrung. Sie sind, wie andere Wildgänse auch, ziemlich scheu und vorsichtig.
WISSENSWERTES Graugänse etablieren sich zunehmend als Parkvögel in Großstädten. Oft hatte anfangs der Mensch seine helfende Hand im Spiel. Da Parks mit ihrer Mischung von Gewässern und kurzrasigen Äsungsflächen ideale Lebensräume darstellen, vermehren sich die Gänse aber meist sehr gut und bilden große Trupps, die auch weit im Umland umherstreifen. Die Graugans ist die Stammform der Hausgans. Halbzahme Parkvögel können durch Kreuzung mit Hausgänsen ganz oder teilweise weiß sein.

Anders als bei Enten lassen sich bei Gänsen die Geschlechter äußerlich nicht unterscheiden.

100 Stockente
— Anas platyrhynchos

MERKMALE 50–60 cm lang, Spannweite bis zu 95 cm. Erpel dieser größten und häufigsten heimischen Wildente im Prachtkleid mit gelbem Schnabel, grün schillerndem Kopf, weißem Halsring, brauner Brust und grauem Körper. Im sommerlichen Schlichtkleid ähneln sie, vom Schnabel abgesehen, den tarnfarbenen Weibchen. Flügelspiegel blau schillernd und weiß gesäumt, Beine orange. Besonders in Parks sieht man, durch Einkreuzung von Hausenten entstandene, unterschiedliche Färbungsvarianten. Kein Gewässer ohne das bekannte laute Quaken der Weibchen; die Männchen rufen leise „rhäb".

Bei fliegenden Stockenten – links der Erpel, rechts das Weibchen – fällt der blaue Flügelspiegel besonders auf.

Bei Enten lassen sich die Geschlechter leicht erkennen: vorne der Erpel im Prachtkleid, hinten das tarnfarbene Weibchen.

Die meisten Stockenten legen sieben bis elf Eier. Diese Ente hat sich also, was nicht selten vorkommt, einige fremde Küken „geborgt".

VORKOMMEN In ganz Europa an Gewässern verbreitet und häufig. Dabei spielt es keine große Rolle, ob das Gewässer klein oder groß ist, steht oder fließt, im Naturschutzgebiet oder in der Großstadt liegt.

WISSENSWERTES Am schönsten kann man Enten im Winter beobachten. Dann bemühen sich die jetzt prächtig gefärbten Erpel intensiv um die Weibchen. Fällt anfangs vor allem die Gruppenbalz der Erpel auf, bei der die Weibchen nur zuschauen, sieht man später fast nur noch Paare. Bei diesen schwimmt die Ente meist vorn, der Erpel folgt unmittelbar. Überzählige Männchen können den Frieden hartnäckig stören und provozieren oft erbitterte Kämpfe, die Brust an Brust unter heftigem Schnabeleinsatz ausgefochten werden. Beginnt die Brut, lockert sich die Paarbindung. Die Ente brütet allein. Schlüpfen die Küken nach 25–30 Tagen, führt sie sie auf dem schnellsten Weg zum Wasser. Gelegentlich schließt sich der Erpel jetzt wieder der Familie an, meist aber trifft er sich mit seinesgleichen zu Clubs schwingenmausernder Männchen.

GARTENTIPP
Stockenten sind gelegentlich Gäste an größeren Gartenteichen. Nistkörbe können bei der Ansiedlung helfen. Manche Enten wählen unkonventionelle Brutplätze, zum Beispiel auf Flachdächern oder in Balkonkästen. In diesem Fall ist nach dem Schlüpfen freies Geleit zum nächsten Gewässer hilfreich.

Zum Weiterlesen

BÜCHER

Die meisten Kosmos-Bücher sind außerdem auch als E-Book erhältlich.

Berthold, P. & G. Mohr (2017):
Vögel füttern – aber richtig. Das ganze Jahr füttern schützen und sicher bestimmen.
Kosmos, Stuttgart

Dierschke, V. (2017):
Welcher Vogel ist das? 440 Vogelarten.
Kosmos, Stuttgart

Hecker, F. & K. Hecker (2012):
Kosmos-Vogelführer für unterwegs.
230 Arten.
Kosmos, Stuttgart

Jonsson, L. (2010):
Die Vögel Europas und des Mittelmeerraumes.
Über 2700 Farbzeichnungen.
Kosmos, Stuttgart

Jonsson, L. (2016):
Wintervögel. Beeindruckende Aquarelle und persönliche Erzählungen.
Kosmos, Stuttgart

Richarz, K. & M. Hormann (2008):
Nisthilfen für Vögel und andere heimische Tiere.
Aula, Wiebelsheim

Schäffer, A. & N. Schäffer (2006):
Gartenvögel. Naturbeobachtungen vor der eigenen Haustür.
Aula, Wiebelsheim

Schmid, U. (2004):
Treffpunkt Tiere im Garten.
Kosmos, Stuttgart

Schmid, U. (2015):
Ein Garten für Vögel.
Kosmos,Stuttgart

Singer, D. (2013):
Welcher Vogel ist das? Alle Vögel Europas.
Kosmos, Stuttgart

Singer, D. (2016):
Vögel rund ums Futterhaus. Beobachten, bestimmen und richtig füttern.
Kosmos, Stuttgart

Svensson, L., K. Mullarney & D. Zetterström (2017):
Der Kosmos Vogelführer. Alle Arten Europas, Nordafrikas und Vorderasiens.
Kosmos, Stuttgart

VOGELFÜHRER FÜR SMARTPHONES

Kosmos-Apps:
- Gartenvögel
- Vögel füttern und erkennen
- Bird Guide App (Der Kosmos-Vogelführer)
- Vögel Europas bestimmen – Was fliegt denn da?

VOGELSTIMMEN UND FILME

Bergmann, H.-H. & W. Engländer (2015):
Unsere Gartenvögel ganz nah.
40 Filme, 40 Stimmen.
Kosmos, Stuttgart

Bergmann, H.-H. & W. Engländer (2012):
Die große Kosmos-Vogelstimmen-DVD.
220 Vögel, Filme und Stimmen auf 2 DVDs.
Kosmos, Stuttgart

Bergmann, H.-H., H.-W. Helb & S. Baumann (2008):
Die Stimmen der Vögel Europas.
Aula, Wiebelsheim

ZEITSCHRIFTEN

Der Falke: www.falke-journal.de

Vögel: www.voegel-magazin.de

Nützliche Adressen

NATURSCHUTZ

Bundesamt für Naturschutz:
www.bfn.de

Naturschutzbund Deutschland (NABU):
www.nabu.de

Landesbund für Vogelschutz in Bayern:
www.lbv.de

Bund für Umwelt und Naturschutz Deutschland: www.bund.net

Stunde der Gartenvögel:
www.stunde-der-gartenvoegel.de

VOGELBEOBACHTUNG

www.birdnet.de

www.birdwatching.de

www.naturgucker.de

MONITORING, KARTIERUNG

Dachverband deutscher Avifaunisten:
www.dda-web.de

www.ornitho.de

GARTEN, NATURGARTEN

www.naturgarten.org

NISTKÄSTEN, FÜTTERGERÄTE UND VOGELFUTTER

Strobel Naturschutzbedarf
Nitzschkaer Straße 29
04626 Schmölln-Kummer
www.naturschutzbedarf-strobel.de

Klaus Hasselfeldt
Hauptstraße 86a
24869 Dörpstedt/Bünge
www.hasselfeldt-naturschutz.de

Vivara Naturschutzprodukte
Postfach 2520
41312 Nettetal-Kaldenkirchen
www.vivara.de

Schwegler Vogel- und Naturschutzprodukte GmbH
Heinkelstraße 35
73614 Schorndorf
www.schwegler-natur.de

Donath Wintervogelfutter
Inh. Andreas Donath
Bahnhofstraße 23
88250 Weingarten
www.wintervogelfutter.de

Informationen sowie praktische Naturschutztipps (u. a. Bauanleitungen für Nisthilfen) finden Sie auch in den Themenbroschüren des NABU, z. B. „Vögel im Garten" oder „Gartenlust". Infos unter www.NABU.de/shop

Register

Impressum

Mit 295 Fotos von **L. Abdi** (S. 107o), **F. Adam** (S. 48, 82o, 124, 134, 135, 139, 152o, 158), **T. Angermayer** (S. 68o, 144, 181), **T. Angermeyer/R. Schmidt** (S. 97), **Blickwinkel** (S. 20o, 30 Mi, 35u, 37, 57, 69, 96o, 116, 121, 126, 127u, 153), **W. Buchhorn/F. Hecker** (S. 18u, 67, 71 li, 143u), **M. Danegger** (S. 114, 179o, 183o), **H.-J. Fünfstück** (S. 34o, 61), **H. Fürst** (S. 58, 102, 142), **M. Grabert** (S. 56u), **R. Groß** (S. 92, 140o, 157), **T. Grüner** (S. 60, 88, 133, 162, 178), **A. Halley** (S. 117o, 156), **F. Hecker** (S. 2/3, 6, 7li, 7u, 8 beide, 9li, 11, 16o, 17o, 19 beide, 20u, 21, 22o, 23, 24, 25o, 26, 27, 28 beide, 29o, 30o, 30u, 31, 36u, 39 beide, 42o, 44, 45 beide, 46, 47 beide, 49o, 50, 51, 52, 54, 55o, 59 beide, 63, 64, 65o, 71r, 72/73, 75o, 76, 77o, 80, 81 beide, 82u, 83, 87u, 90o, 91, 93, 94, 95u, 99u, 100, 104, 106, 107u, 109li, 110, 111, 113, 115 beide, 122, 127o, 131, 136, 147re, 151, 155o, 156, 159u, 164u, 171u, 172, 175, 176, 182), **F. Heintzenberg** (S. 167), **M. Höfer** (S. 38, 62, 120, 130, 174), **A. Klees** (S. 177li, 179u), **F. Leo/fokus-natur.de** (S. 4, 112, 129, 152u), **A. Limbrunner** (S. 49u, 149, 160, 170), **A. Limbrunner/F. Hecker** (S. 43, 55u, 140u, 165), **E. Mestel/F. Hecker** (S. 108, 118, 119, 125, 132, 147li, 161o, 163, 171o), **G. Moosrainer** (S. 98o, 154, 164o), **M. Pforr** (S. 65u, 87o, 123), **T. Pröhl/fokus-natur.de** (S. 9u, 85, 89, 95o, 101, 137, 166, 168/169) **R. Rößner** (S. 138), **Sauer/Hecker** (S. 22u, 35o), **R. Schmidt** (S. 109re), **F. Lane** (S. 70), **W. Söllner/Kosmos** (S. 99o, 105), **G. Synatzschke** (S. 53, 77u, 143o, 145, 146), **K. Wernicke** (S. 180), **W. Willner** (S. 141), **W. Willner/H. Tuschl** (S. 79 beide, 85), **P. Zeininger** (S. 36o, 56o, 66, 74o, 78, 86, 103, 128o, 148), alle übrigen stammen vom Autor **Ulrich Schmid**. Die 64 Fotos auf den Klappen entsprechen denjenigen Bildern im Artenteil.
Mit 116 Farbillustrationen von **Paschalis Dougalis**/KOSMOS, 1 Grafik von **Wolfgang Lang** (S. 29u), aber ebenfalls unter Verwendung von 8 Farbillustrationen von **Paschalis Dougalis**/KOSMOS; 17 Symbole von **Wolfgang Lang**

Die 104 Aufnahmen der Vogelstimmen, die auf der Kosmos-Plus-App hinterlegt sind, stammen von **Jean C. Roché**.

Umschlaggestaltung von **Walter Typografie & Grafik GmbH**, unter Verwendung von drei Bildern: Blaumeise und Hintergrund, beide von **Frank Hecker**, Illustration Blaumeise im Flug von **Paschalis Dougalis**/KOSMOS

Unser gesamtes Programm finden Sie unter **kosmos.de**
Über Neuigkeiten informieren Sie regelmäßig unsere Newsletter, einfach anmelden unter **kosmos.de/newsletter**

4. Auflage

ISBN 978-3-440-16424-2
Projektleitung und Lektorat: Stefanie Tommes
Redaktion der ersten Ausgabe: Bärbel Oftring
Satz: Walter Typografie & Grafik GmbH
Produktion: Markus Schärtlein
Printed in Italy/Imprimé en Italie

Gartenvögel auf einen Blick

Rotkehlchen Seite 98

Hausrotschwanz Seite 100

Gartenrotschwanz Seite 102

Buchfink Seite 114

Bergfink Seite 116

Gimpel Seite 118

Birkenzeisig Seite 130

Goldammer Seite 131

Grünspecht Seite 134

Ringeltaube Seite 152

Türkentaube Seite 154

Turmfalke Seite 164